冲压成形工艺与模具设计

主　编　余　健

副主编　许青青

参　编　任富恺　严婷婷

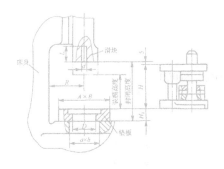

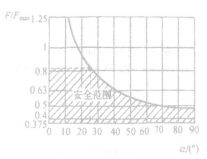

上海交通大学出版社

SHANGHAI JIAO TONG UNIVERSITY PRESS

内容提要

本书以模具设计的工作过程为主线,选取垫片零件冲裁模设计、U 形件弯曲模设计、凸缘筒形件拉深模设计和支架零件级进模设计这四个典型案例为载体,将冲压模具国家标准、模具典型结构、模具设计、模具零件制造等知识有机融合,在注重实用性以及初学者能力培养的同时,充分调动学生学习的积极性和自主性。

本书可作为高等职业院校模具及相关专业的教学用书,也可作为从事模具设计与制造的企业工程技术人员的参考用书以及冲压工、模具工职业技能等级鉴定的培训用书。

图书在版编目(CIP)数据

冲压成形工艺与模具设计/余健主编. —上海:
上海交通大学出版社,2025.2. —ISBN 978-7-313-31793
-3

Ⅰ. TG38

中国国家版本馆 CIP 数据核字第 202402FK74 号

冲压成形工艺与模具设计
CHONGYA CHENGXING GONGYI YU MOJU SHEJI

主 编:余 健

出版发行:上海交通大学出版社   地 址:上海市番禺路 951 号

邮政编码:200030   电 话:021-64071208

印 制:上海万卷印刷股份有限公司   经 销:全国新华书店

开 本:787mm×1092mm 1/16   印 张:11.75

字 数:287 千字

版 次:2025 年 2 月第 1 版   印 次:2025 年 2 月第 1 次印刷

书 号:ISBN 978-7-313-31793-3   电子书号:ISBN 978-7-89564-074-0

定 价:58.00 元

前　言

随着工业现代化和智能化的发展,我国正由工业产品制造向智造转变。模具作为机械、交通、电子、军工及家电工业产品的基础工艺装备,其技术已成为工业产品批量生产的重要手段,是工业现代化和智能化的重要基础。因此,培养一批具有零件冲压成形工艺分析和冲压模具设计能力的高素质技能型专业人才,是当前社会的紧迫任务。

本书主要内容包括第1章冲压基础,训练学生掌握常用冷冲压加工方法;第2章冲裁工艺及模具设计,训练学生掌握一般冲裁件工艺方案制订和冲裁模设计能力;第3章弯曲成形工艺及模具设计,训练学生掌握一般弯曲件的工艺方案制订和弯曲模具设计的能力;第4章拉深成形工艺及模具设计,训练学生掌握一般回转体零件的拉深工艺方案制订和拉深模具设计的能力;第5章其他成形工艺与模具设计,让学生了解翻边、胀形、校平与整形等类型冲压模具的典型结构和设计方法。

本书由余健担任主编,许青青担任副主编,第1章和第5章由嘉兴南洋职业技术学院许青青编写,第2章、第3章和第4章由嘉兴南洋职业技术学院余健编写,拓展资源垫片零件冲裁模设计和拓展资源U形件弯曲模设计由嘉兴市模具行业协会严婷婷编写,拓展资源凸缘筒形件拉深模设计和拓展资源支架零件级进模设计由嘉兴如邑智能科技有限公司任富恺编写。余健负责全书的统稿和定稿。

由于编者水平有限,书中若有不妥之处,敬请读者指正。

编　者
2024.3

目 录

第1章 冲压基础 ·· 001

   1.1 冲压的特点及应用 ·· 001

   1.2 冲压的基本工序 ·· 002

   1.3 金属塑性变形 ·· 004

   1.4 冲压材料 ··· 008

   1.5 冲压成形设备 ·· 013

第2章 冲裁工艺及模具设计 ··· 021

   2.1 冲裁基础 ··· 021

   2.2 冲裁变形过程 ·· 022

   2.3 冲裁间隙 ··· 028

   2.4 冲裁模刃口尺寸计算 ·· 032

   2.5 冲裁排样设计 ·· 036

   2.6 冲裁力和压力中心计算 ··· 043

   2.7 冲裁模典型结构 ·· 049

   2.8 模具零部件结构设计与选用 ····································· 060

第3章 弯曲成形工艺及模具设计 ······································· 081

   3.1 弯曲变形分析及特点 ·· 081

   3.2 弯曲件质量分析 ·· 083

   3.3 弯曲件的结构工艺性 ·· 093

   3.4 弯曲件坯料尺寸的计算 ··· 096

   3.5 弯曲力的计算 ·· 098

   3.6 弯曲件的工序安排 ··· 100

   3.7 弯曲模典型结构 ·· 101

3.8　弯曲模工作零件设计 111

第 4 章　拉深成形工艺及模具设计 116

4.1　拉深变形 116

4.2　拉深件的质量问题及控制 117

4.3　拉深件的工艺性 120

4.4　旋转体拉深件毛坯尺寸 122

4.5　圆筒件拉深工艺计算 127

4.6　拉深力、压料力与拉深压力机 145

4.7　常用拉深模结构 149

4.8　拉深模工作部分结构及尺寸 153

第 5 章　其他成形工艺与模具设计 159

5.1　翻边 159

5.2　胀形 168

5.3　校平与整形 174

参考文献 179

第1章

冲压基础

1.1 冲压的特点及应用

1.1.1 冲压的概念

冲压是指利用安装在冲压设备上的模具对被加工的材料施加一定的压力,使之产生分离、成形或接合等变化,从而获得所需形状、尺寸和性能零件的压力加工方法。由于冲压加工经常是在材料的冷态(常温)下进行,因此也称为冷冲压。同时,由于冲压加工用的原材料一般为板料或带料,故而又称为板料冲压。

冷冲压是压力加工的主要方法之一,更是机械制造中比较先进的加工方式。如图 1-1 所示为冲压加工过程,板料在拉深凸模和凹模的压力作用下,被冲制出开口且空心的筒形工件。

在冲压加工中将材料(金属材料或非金属材料)加工成零件或半成品的工艺装备,称为冲压模具。在冲压加工中,冲压模具是必不可少的。若没有先进的冲压模具,先进的冲压工艺就无法实现。

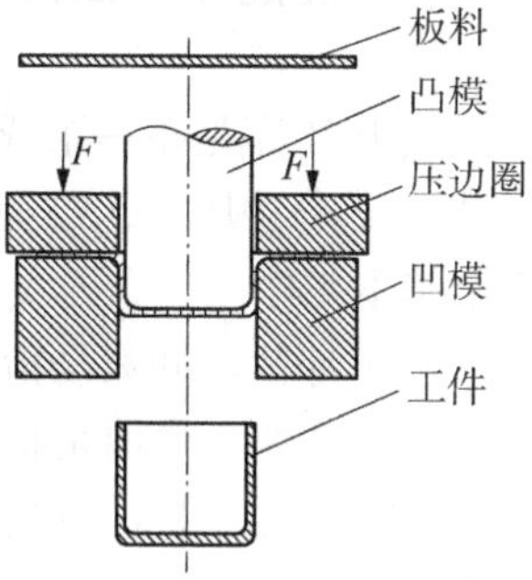

图 1-1 冲压加工的过程简图

1.1.2 冲压加工的特点

冲压加工是靠模具与冲压设备完成的加工过程。与其他加工方法相比,冲压加工无论在技术方面还是经济方面都有许多优点,具体表现在以下几个方面。

(1)用冲压加工方法可以得到形状复杂且用其他加工方法难以加工的工件,如薄壳零件、大型覆盖件(汽车覆盖件、车门)等。

(2)冲压件的尺寸精度由模具保证,质量稳定,互换性好,一般可为 IT14～IT10 级,最高可达 IT6 级。

(3)冲压加工一般不需要加热毛坯,也不像切削加工那样需要去除大量材料,故而材料利用率高,工件质量轻、刚性好、强度高,冲压过程能耗少,产品成本低。

(4)冲压加工生产效率高,普通压力机每分钟可生产几十件冲压件,高速压力机每分钟可生产几百件甚至上千件冲压件。

(5)用冷冲压加工操作简单,劳动强度低,易于实现机械化和自动化。

当然,冲压加工也存在不足之处。

(1)冲压加工过程产生的噪声和振动比较大,若劳动保护措施不到位,还存在安全隐患。

（2）冲压加工中所用的模具一般比较复杂，制造周期长，成本高。因此，冲压工艺多用于批量生产，单件、小批量生产则受到一定的限制。同时，模具需要一个生产准备周期。

（3）冲压工件的精度取决于模具精度，当零件的精度要求过高时，用冲压生产就难以达到。

1.1.3 冲压加工的应用

冲压加工具有许多突出的优点，在机械制造、电子电器等行业中的应用十分广泛。大到汽车覆盖件，小到钟表及仪器仪表元件，众多零件是由冲压方法制成的。据粗略统计，在汽车制造领域，有 $60\%\sim70\%$ 的零件是采用冲压工艺制成的，其所占的劳动量为整个汽车制造业劳动量的 $25\%\sim30\%$。在机电及仪器仪表生产中，$70\%\sim80\%$ 的零件是采用冲压加工来完成的。在电子产品中，冲压件的数量占零件总数的 85% 以上。另外，在许多先进工业国家，冲压生产和模具工业都得到高度的发展。人们日常生活中所用到的金属制品，冲压件所占的比例更大，如铝制、不锈钢餐具等。因此，鉴于冲压加工的广泛应用，学习、研究和发展冲压技术，对我国国民经济的发展以及现代化工业建设的加速，具有重大而深远的意义。

1.2 冲压的基本工序

冲压工序是指一个或一组工人，在一个工作地点对同一个或同时对几个冲压件连续完成的那一部分冲压工艺过程。冲压加工的零件往往需要经过多道冲压工序。冲压可以分为以下5个基本工序。

（1）冲裁。冲裁是指使板料实现分离的冲压工序。

（2）弯曲。弯曲是指将金属材料沿弯曲线弯成一定角度和形状的冲压工序。

（3）拉深。拉深是指将平面板料变成各种开口空心件，或者把空心件的尺寸做进一步改变的冲压工序。

（4）成形。成形是指用各种不同性质的局部变形来改变毛坯形状的冲压工序，如翻边、胀形、缩口、扩口等。

（5）立体压制（冲击冲压）。立体压制是将金属料体积重新分布的冲压工序。

由于零件的形状、尺寸、精度要求、批量大小、原材料性能等各不相同，因此，生产中每一种基本工序又有多种不同的加工方法。一般根据材料在冲压成形过程中的变形特点，可将冲压工序分为分离工序和成形工序两大类。

1.2.1 分离工序

分离工序是指坯料在冲压力作用下，变形部分的应力达到其破坏应力 σ_b 以后，使坯料按一定的轮廓线断裂而获得一定形状、尺寸和断面质量冲压件的冲压工序。常见的分离工序主要包括冲孔、落料、切边、切断等，如表 1-1 所示。

表 1-1　常见的分离工序

工序名称	工序简图	说　明
冲孔	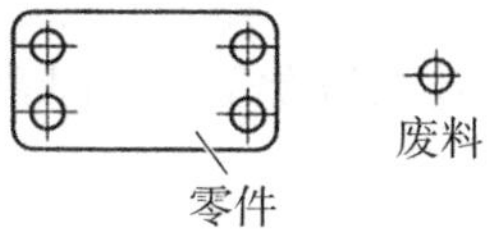	在毛坯或板料上,沿封闭轮廓分离出废料而得到带孔制件,切下的部分是废料
落料	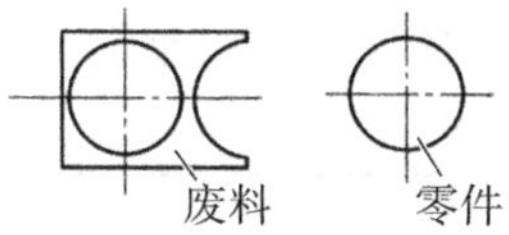	沿封闭轮廓将制件或毛坯从板料上分离,切下的部分作为工件,其余部分则为废料
切边	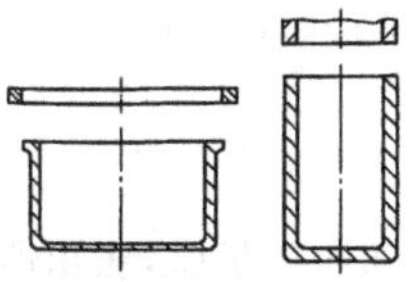	切去成形制件多余的边缘材料
切断	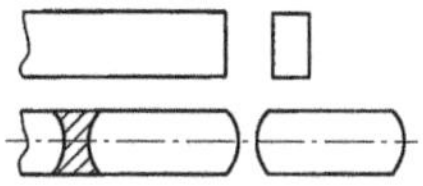	将板料沿不封闭的轮廓进行分离
切舌	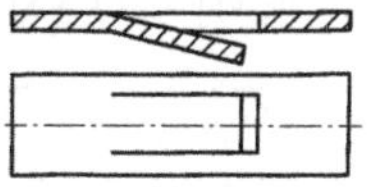	沿不封闭轮廓将板料切开并使其下弯
剖切	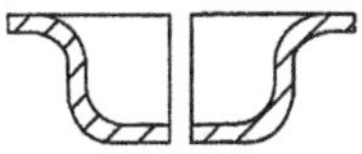	将冲压成形的半成品切开成两个或两个以上工件

1.2.2　变形工序

变形工序是指坯料在冲压力的作用下,变形部分的应力达到了屈服应力 σ_s 而未达到破坏应力 σ_b,使坯料在不致破坏的情况下产生塑性变形,从而获得一定形状、尺寸和精度冲压件的冲压工序。变形工序主要包括弯曲、卷边、拉深、翻边等,如表 1-2 所示。

表 1-2　常见的变形工序

工序名称	工序简图	说　明
弯曲		将毛坯或半成品制件沿弯曲线弯成一定角度和形状
卷边		把板料端部弯曲成接近封闭圆筒形
拉深	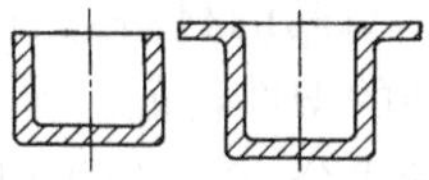	把平板毛坯拉压成空心体件,或者把空心体件拉压成外形更小而板厚没有明显变化的空心体件
变薄拉深	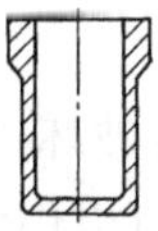	凸模、凹模之间的空隙小于空心毛坯壁厚,把空心毛坯加工成侧壁厚度小于毛坯壁厚的薄壁制件

（续表）

工序名称	工序简图	说　明
翻边		使毛坯平面部分或曲面部分的边缘沿一定曲线翻起竖立直边
缩口		使空心毛坯或管状毛坯端部的径向尺寸缩小
扩口		将空心件或管状毛坯的端部径向尺寸扩大
胀形		将空心件或管状毛坯的局部向外扩张,胀出所需要的凸起曲面
起伏		在板料或工件表面上制成各种形状的凸起或凹陷
整形		校正制件成准确的形状和尺寸
旋压		在旋转状态下用辊轮使毛坯逐步成形
冷挤压		使金属沿凸模与凹模间隙或凹模模口流动,从而将厚毛坯转变为薄壁空心件或横断面不等的半成品

1.3　金属塑性变形

1.3.1　材料的塑性及塑性变形

塑性是指固体材料在外力作用下发生永久变形而不破坏其完整性的能力。塑性可以用材料在不被破坏条件下所能获得的塑性变形的最大值来评价。不同的材料具有不同的塑性表现,即使是同一种材料,在不同的变形条件下,也会表现出不同的塑性特征。

影响金属塑性的因素主要包括金属本身的晶格类型、化学成分、金相组织以及变形时的外部条件,如变形温度、变形速度和变形方式等。

常用塑性指标来表示金属塑性的高低。塑性指标以材料开始破坏时的塑性变形量来表示,并可以借助于各种试验方法确定。对于拉伸试验的塑性指标,可以用伸长率δ和断面收缩

率 ψ 来表示。

塑性变形是指物体在外载荷作用下发生的永久变形。发生塑性变形时,通常伴有弹性变形。弹性变形是指在外载荷作用下物体发生变形,但外载荷去除后物体又恢复原状的变形。弹性变形阶段应力与应变之间的关系是线性的、可逆的,与加载历史无关;而塑性变形阶段应力与应变之间的关系是非线性的、不可逆的,与加载历史有关。

1.3.2　变形抗力

金属在变形时反作用于运动着的工具的力称为变形抗力。一般来说,变形抗力反映了金属在外力作用下抵抗塑性变形的能力。金属的内部性质、变形温度、变形速度以及变形程度等是影响金属变形抗力的主要因素。

要注意区分塑性与变形抗力的差异,塑性的优劣取决于金属从受力开始直至破坏前的变形程度的大小,而非变形抗力的大小。例如,奥氏体不锈钢允许的变形程度大,即塑性好,但其变形抗力也较大,需要较大的外力作用才能产生塑性变形。因此,变形抗力是从应力的角度反映塑性变形的难易程度的。

1.3.3　变形温度对塑性和变形抗力的影响

变形温度对金属塑性和变形抗力有很大的影响。一般的规律是随着金属变形温度的升高,金属塑性提高,变形抗力降低。例如,在板料成形加工中,可以采取加热使板料软化、增加板料的变形程度等措施降低板料的变形抗力以提高工件的成形精度。

金属加热软化的趋势并不是绝对的。如非合金钢加热到 200~400℃ 时,钢的性能会变差,易于脆断,断口呈蓝色,该温度范围称为蓝脆区;800~950℃ 温度范围称为热脆区,此时非合金钢的塑性也降低。因此在选择变形温度时,非合金钢应避开蓝脆区和热脆区。总之,应根据材料的温度-力学性能对应关系和其他影响塑性的因素合理灵活地选用变形温度。

1.3.4　变形速度对塑性变形的影响

从概念上讲,变形速度是指单位时间内应变的变化量,而非工具的运动速度或变形体中质点的移动速度。变形速度对金属塑性的影响是多方面的:一方面当变形速度增加时,会因加工硬化而引起金属塑性降低;另一方面由于热效应的影响,可能引起金属变形,温度升高,使金属塑性得到改善。例如,黄铜 H59 在 600~700℃ 时,塑性低,在 700~800℃ 时,塑性高;把黄铜 H59 加热至 700℃,并使其在高速下变形,即使热效应不大,只要再增加 30~40℃,就会显著提高黄铜的塑性。

冲压设备的加载速度在一定程度上可以反映金属的变形程度。一般冷冲压使用的压力机工作速度较低,对金属的塑性变形性能影响不大,此时考虑速度因素主要是基于零件的尺寸和形状。对于冲裁、弯曲、浅拉深、翻边等工序中小尺寸零件的生产,可以不必考虑压力机的加载速度;而对于大型复杂零件的成形、深拉深,由于各部分变形不均匀,变形程度大,局部容易拉裂或起皱,所以为便于金属流动和塑性变形的进行,应选用低速的压力机或液压机成形。对于不锈钢、耐热合金、钛合金等对变形速度敏感的材料,也应该采用低速成形,加载速度应低于 0.25 m/s。

1.3.5 应力状态对塑性变形的影响

德国学者卡尔曼对通常认为是脆性材料的大理石和红砂石进行了加压试验。他在对试件加压的同时,还对试件周围通以压力液体,使试件处于三向压应力状态。试验结果表明,大理石在单向压缩时,压缩率不到 1%就会被破坏;但在 7.75×10^8 Pa 的静水压力下进行压缩时,压缩率要达到 9%左右才会发生破坏。

大量的实践表明,单向压缩允许的变形程度比单向拉伸允许的变形程度大得多,三向压应力状态下的挤压比两向压缩、单向拉伸的拉拔能表现出更大的塑性。卡尔曼的试验结果也表明,强化三向压应力状态能充分发挥材料的塑性,这其实是应力状态中静水压力分量在起作用。若应力状态中的压应力数量多、压应力大,即静水压力大,则材料的塑性好;反之,若压应力数量较少,压应力小或者存在拉应力,则材料的塑性较差。

1.3.6 应力状态对变形抗力的影响

塑性变形主要是由滑移产生的。若要产生滑移,则在滑移面上的剪应力必须达到临界剪应力,其值取决于滑移平面的阻力。

1.3.7 金属超塑性成形

当恰当地将金属的组织结构、变形温度、变形速度等因素配合利用时,可以使金属表现出特别好的塑性,即超塑性。所谓超塑性,是指在特定条件下拉伸金属试样时,其变形抗力大幅度地降低,而伸长率可以超过 100%。目前已经发现的具有超塑性金属材料有纯铅(Pb)、铝(Al)、铜(Cu)、铸铁、钢以及以 Al、钛(Ti)、锌(Zn)、铁(Fe)、镍(Ni)为基的各种合金等,总数超过 150 种。

要实现材料的超塑性成形,必须寻求两点突破:第一是要找到该材料超塑性成形的条件;第二是要在制造工艺上严格控制并执行这些条件。目前研究最多、应用较广的是细晶超塑性。其过程如下:对金属进行晶粒细化处理,细化晶粒等轴,使晶粒的大小为 $1\sim2~\mu m$(一般冲压变形过程中金属晶粒的大小为 $10\sim100~\mu m$),然后施以一定的恒温和变形速度条件,即可得到超塑性。通常这种超塑性的变形温度为 $0.5T_{熔}$($T_{熔}$ 表示金属的绝对熔点)。另外一种超塑性成形方式是相变超塑性。它不对金属进行细晶处理,但金属必须具有相变或同素异构转变的性质。其过程如下:在低载荷作用下,使金属在相变点附近反复加热、冷却,经过一定次数的循环后,获得很高的伸长率。目前该超塑性成形方式由于实际生产困难,仍处于实验室研究阶段。

当金属出现超塑性时,变形抗力大幅度降低,这无疑为冲压加工开辟了新的加工方式和途径。当前,金属超塑性在冲压方面的应用有吹塑成形、拉深、挤压等。由于超塑性成形需要提供恒温条件、采取抗氧化措施,且成形速度较低,模具也需要具备耐高温等技术和经济上的原因,所以目前只局限应用于常规冲压工艺难以加工的零件和材料。

1.3.8 金属的弹塑性变形共存规律

在金属的塑性变形过程中不可避免地伴随有弹性变形。如图 1-2 所示为低碳钢的拉伸试验曲线。其中 OA 段为弹性变形阶段,ABG 段为均匀塑性变形阶段,A 点为屈服点,G 点为失稳点,σ_s 为屈服强度,σ_b 为抗拉强度,G 点处载荷最大,G 点以后出现缩颈,K 点为断裂点。

如果在 OA 弹性变形阶段卸载,则外力和变形按原路退回原点,不产生永久变形。若在

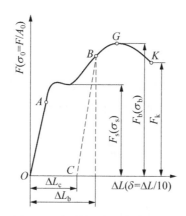

图 1-2　低碳钢的拉伸试验曲线

塑性变形阶段如 B 点卸载，则外力和变形并不按原路逆向沿 BAO 退回，而是沿 BC 退回。其中 ΔL_b 与 ΔL_c 之差即为弹性变形量，而 ΔL_c 为加载到 B 点时的塑性变形量。当外力去除后，弹性变形恢复而塑性变形保留，因此在金属塑性变形阶段必然同时伴随弹性变形，这就是弹塑性变形共存规律。在冷冲压生产中，弹性变形的影响，使得冷冲压产品与模具的形状和尺寸不完全一致，进而影响产品精度，这是模具设计与制造过程中要重点解决的问题之一。

1.3.9　屈服准则

当物体中某一点处于单向受力状态时，只要该向应力达到材料的屈服点，该点就开始屈服，并且由弹性变形状态进入塑性变形状态。但是对于复杂应力状态，不能仅根据一个应力分量来判断该点是否屈服，而是必须同时考虑其他应力分量综合作用的结果。只有当各个分量之间符合一定的关系时，该点才开始屈服，这种关系就称为屈服准则，又称屈服条件或塑性条件。1864 年，法国工程师屈雷斯加通过对金属的挤压提出：当材料（质点）中的最大切应力达到某一定值时，材料就开始屈服，并且通过试验确定该定值就是材料屈服强度的一半，即 $\sigma_s/2$。设 $\sigma_1 \geqslant \sigma_2 \geqslant \sigma_3$，可得屈雷斯加屈服准则的数学表达式为

$$\tau_{max} = \frac{\sigma_1 - \sigma_3}{2} = \frac{\sigma_s}{2} \qquad (1-1)$$

或

$$\sigma_1 - \sigma_3 = \sigma_s \qquad (1-2)$$

1913 年，奥地利力学家米泽斯提出了另外一个准则：当材料中的等效应力 σ_i 达到某一定值时，材料就开始屈服。该定值通过试验可以确定就是材料屈服强度的一半，即 $\sigma_s/2$。米泽斯屈服准则的数学表达式为

$$(\sigma_1 - \sigma_2)^2 + (\sigma_2 - \sigma_3)^2 + (\sigma_3 - \sigma_1)^2 = 2\sigma_s^2 \qquad (1-3)$$

试验表明，对于绝大多数金属材料来说，米泽斯屈服准则比屈雷斯加屈服准则更接近试验数据。目前在工程上常使用米泽斯屈服准则的简化形式来表示硬化材料的屈服条件，即

$$\sigma_1 - \sigma_3 = \beta\sigma \qquad (1-4)$$

式中，σ 为真实应力，$\sigma = A\varepsilon^n$；β 为体现中间主应力 σ_2 影响的系数，其值的变化范围依据具体

材料及其状态来定,为 1~1.55。

1.3.10　塑性变形的应力应变关系

一般认为金属材料在塑性变形时体积不变。设试样长、宽、厚分别为 l_0、b_0、t_0,均匀塑性变形后尺寸变为 l、b、t,由于材料变形前后体积不变,即

$$\frac{lbt}{l_0 b_0 t_0} = 1 \tag{1-5}$$

两边取对数,得

$$\ln\frac{l}{l_0} + \ln\frac{b}{b_0} + \ln\frac{t}{t_0} = 0 \tag{1-6}$$

转化应变形式,即

$$\varepsilon_1 + \varepsilon_2 + \varepsilon_3 = 0 \tag{1-7}$$

式(1-7)表示了金属材料在塑性变形时体积不变的条件。

在拉伸试验的弹性变形阶段,无论加载或卸载,应力与应变都是成正比的线性关系。应力与应变的关系与加载历史无关,变形过程是可逆的,加载与卸载沿着同一路线,而在塑性变形阶段情况则完全不同,材料屈服以后变形过程是不可逆的,加载与卸载沿不同的路线进行。卸载后重新加载,物体的弹性模数不因有冷作硬化而有所改变,重新加载时的屈服点即卸载时的应力。

卸载后反向加载(如先拉伸后压缩),弹性模数没有变化,但材料的屈服点有所降低,我们称这种现象为反载软化现象。判断毛坯变形时的伸长与缩短不能仅根据应力的性质。拉应力方向不一定发生伸长变形,而压应力方向也不一定发生压缩变形,具体应根据主应力的差值来确定。

我们把冷冲压过程中当作用于毛坯变形区的压应力绝对值最大时,在该方向上的压缩变形称为压缩类变形,其特征是使变形区板料厚度增加,如圆筒件拉深以及缩口等冲压工序。压缩类变形在冷冲压过程中容易出现的问题是变形区在压应力的作用下因失稳而起皱。

1.4　冲压材料

冲压所用的材料是生产中必不可少的要素之一。冲压生产中使用的材料相当广泛,为了满足不同产品的使用要求,必须选用合适的材料;而从冲压工艺本身出发,又对冲压材料提出冲压性能方面的要求。选用合适的冲压材料是生产合格冲压件的重要条件之一。

1.4.1　冲压材料的基本要求

1. 应满足冲压件的使用要求

冲压用材料一般应具有一定的强度、刚度、冲击韧性等力学性能要求,此外,对有些冲压材料还有一些特殊要求,如传热性、导电性、耐腐蚀性等。一般来说,对机器上的主要冲压件,要求材料具有较高的强度和刚度;电动机电气上的某些冲压件,要求有较高的导电性和导磁性;

汽车、飞机上的冲压件,要求有足够的强度,并尽可能减轻质量;化工容器上的冲压用材料,要求具有耐腐蚀性和良好的表面质量。

2. 应具有良好的冲压成形性能

对于成形工序,为了有利于冲压成形和提高冲压件质量,材料应具有良好的冲压成形性能,即应有良好的抗破裂性、贴模性和定形性。对于分离工序,只要求材料具有一定的塑性,而对材料的其他成形性能没有严格要求。

3. 材料的厚度公差应符合国家标准

模具间隙对冲压件的质量、模具寿命等有很大影响。而模具间隙与材料厚度密切相关,一定的间隙适用于一定厚度的材料,若材料的厚度公差太大,不仅直接影响冲压件质量,还会引起模具或压力机的损坏。

4. 应具有较高的表面质量

材料的表面应光洁、平整,且无缺陷、损伤。因为表面质量好的材料,成形时不易破裂,也不易擦伤模具,进而冲压件的表面质量也会更为出色。

1.4.2　常用的冲压材料

冲压生产最常用的材料是金属,有时也使用非金属。常用的金属材料分为黑色金属和有色金属两大类。黑色金属材料包括普通碳素结构钢、优质碳素结构钢、合金结构钢、碳素工具钢、不锈钢、电工硅钢等,其中,普通碳素结构钢和优质碳素结构钢最为常用。优质碳素结构钢的薄钢板主要用于成形复杂的弯曲件和拉深件。有色金属材料包括纯铜、黄铜、青铜、铝等,其中,黄铜板(带)和铝板(带)应用广泛。非金属材料有纸板、胶木板、橡胶板、塑料板、纤维板和云母板等。

金属材料以板料和卷料为主,另外还有块料。板料的尺寸较大,一般用于大型零件的冲压,主要规格有 500 mm×1 500 mm、900 mm×1 800 mm、1 000 mm×2 000 mm 等;条料根据冲压件的排样尺寸由板料裁剪而成,主要用于中小型零件的冲压;卷料(带料)有各种宽度和长度规格,成卷供应的主要是薄料,常用于自动送料的大批量生产,以提高生产率;块料一般用于单件小批量生产和价值昂贵的有色金属的冲压生产,并且广泛用于冷挤压。为了提高材料利用率,在生产量大的情况下可优先选用卷料,以便根据需要在开卷剪切下料线上裁切成合适的长度,卷料既可裁切成矩形,也可裁切成平行四边形、梯形、三角形等形状。

钢材的生产工艺包括冷轧、热轧、连轧及往复轧等多种方法。通常情况下,厚度在 4 mm 以下的钢板采用冷轧或热轧工艺,而厚度在 4 mm 以上的钢板则使用热轧工艺。相比之下,冷轧板的尺寸精确,偏差小,表面缺陷少、表面光洁且内部组织致密。因此冷轧板制品一般不用热轧板制品代替。同一种钢板,由于轧制方法不同,其冲压性能会有很大差异。连轧钢板一般具有较大的纵横方向纤维差异,有明显的各向异性。单张往复轧制的钢板,各向均有不同程度的变形,纵横异向差别较小,冲压性能较好。冲压用金属材料的供货状态分软硬两种,板料(带料)的力学性能会因供货状态不同而表现出很大差异。

对于厚度在 4 mm 以下的轧制钢板,根据国家标准 GB/T 708—2019《冷轧钢板和钢带的尺寸、外形、重量及允许偏差》规定,钢板厚度的精度分为 A(高级精度)、B(较高级精度)、C(普通精度)三级。

对优质碳素结构冷轧薄钢板,根据国家标准 GB/T 711—2017《优质碳素结构钢热轧钢板和钢带》规定,钢板的表面质量可分为 Ⅰ(特别高级的精整表面)、Ⅱ(高级的精整表面)、Ⅲ(较高级的精整表面)、Ⅳ(普通的精整表面)四组,每组按拉深级别又分为 Z(最深拉深)、S(深拉深)、P(普通拉深)三级。

在冲压工艺文件和资料中,国家标准对材料的表示方法有特殊的规定。例如,对于材料为 08 钢、厚度为 $1.0\,mm$、平面尺寸为 $1000\,mm \times 1500\,mm$、精度较高、表面精整度高级别且适用于深拉深用途的优质碳素结构钢冷轧钢板,其表示方式为

$$钢板 \frac{B-1.0 \times 1000 \times 1500 - GB/T\ 708—2019}{20 - Ⅱ - S - GB/T\ 13237—2013}$$

关于材料的牌号、规格和性能,可查阅有关设计资料和标准。

1.4.3　冲压成形性能及其试验方法

板料的冲压成形性能是指其对各种冷冲压工艺的适应能力。研究板料的冲压成形性能及其试验方法的意义在于:①用于板料的验收,作为板料的验收标准;②有助于分析生产中出现与板料性能有关的质量问题,找出产生的原因和解决方法;③根据冲压件的形状特点及其成形工艺对板料冲压性能的要求,正确选择板料的种类与具体牌号;④为冲压材料提供发展方向和鉴定方法。

1. 冲压成形性能

材料的冲压成形性能好,就是指其便于冲压成形加工,单个冲压工序的极限变形程度和总的极限变形程度大,生产率高,成本低,容易得到高质量的冲压件。冲压成形性能是一个综合性的概念,它包括抗破裂性、贴模性和定形性等多个方面。

(1)抗破裂性涉及材料在各种冲压成形工艺中的最大变形程度,即成形极限。极限拉深系数、极限胀形系数和极限翻边系数等都与材料的抗破裂性有关。材料的成形性能越好,其抗破裂性也越好,成形极限就越高。

(2)贴模性是指材料在冲压过程中取得模具形状的能力。在冲压成形过程中,由于各方面因素的影响,材料会产生内皱、翘曲、塌陷和鼓起等几何面缺陷,从而导致贴模性能降低。

(3)定形性是指零件在脱模后保持其在模具内成型时所获得形状的能力。在影响定形性的诸多因素中,回弹是最主要的因素,在零件脱模后,常因回弹过大而产生较大的形状误差。

贴模性和定形性是决定零件形状尺寸精度的重要因素。研究和提高材料的贴模性及定形性,对提高冲压件质量,尤其是汽车覆盖件等大而复杂零件的成形质量有益。而在目前的冲压生产和材料生产中,仍主要用抗破裂性作为评定材料冲压成形性能的指标。

2. 冲压成形性能的试验方法

现在有很多种材料冲压成形性能的试验方法,概括起来可以分为间接试验和直接试验两种。

1)间接试验

间接试验方法有拉伸试验、剪切试验、硬度试验、金相试验等,其中拉伸试验简单易行,虽然试验时试样的受力情况和变形特点与实际冲压变形有一定的差别,但研究表明,这种试验能从不同角度反映材料的冲压成形性能,因此材料的拉伸试验是一种很重要的试验方法。

材料的拉伸试验方法是在待试验材料的不同部位和方向上截取试样,制成如图 1-3 所示的拉伸试验用的试样,然后在万能材料试验机上进行拉伸,拉伸曲线如图 1-4 所示。

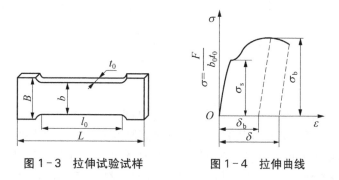

图 1-3 　拉伸试验试样　　　　图 1-4 　拉伸曲线

拉伸试验所得到的拉伸曲线表示材料力学性能的指标与冲压成形性能有密切的关系,其中几项指标说明如下。

(1) 均匀伸长率 δ_b 与伸长率 δ。

伸长率 δ 为

$$\delta = \frac{L - l_0}{l_0} \tag{1-8}$$

均匀伸长率 δ_b 是材料拉深试验中试样开始缩颈前的伸长率;伸长率 δ 是指试样拉断前的伸长率。冲压成形一般都在板料的均匀变形范围内进行。δ_b 表示板料发生均匀塑性变形的能力,也可以直接或间接表示伸长率变形的极限变形程度,如翻边系数、扩口系数、最小弯曲半径、胀形系数等。大多数材料的翻边系数都与其 δ_b 值成正比,板料的杯突实验值与 δ_b 值成正比。

(2) 屈服点 σ_s。

试验表明,屈服点 σ_s 数值小,材料易屈服,成形后回弹小,贴模性和定形性较好。另外,屈服点对零件表面质量也有影响,如果拉伸曲线出现屈服平台,它的屈服点延伸较大,材料在屈服伸长之后,表面会出现明显的滑移线痕迹,导致零件表面粗糙。

(3) 屈强比 σ_s/σ_b。

σ_s/σ_b 是材料的屈服点和抗拉强度的比值,称为屈强比。屈强比对材料的冲压成形性能有较大的影响。σ_s/σ_b 数值小,材料由屈服到破裂前的塑性变形阶段长,有利于冲压成形。一般来讲,较小的屈强比对材料在各种成形工艺中的抗破裂性都有利。此外,试验证明,屈强比与成形零件的回弹有关,σ_s/σ_b 数值小,回弹小,其定形性也较好。总之,屈强比是反映材料冲压成形性能的重要指标之一。我国冶金标准规定,用于拉深最复杂零件的深拉深用 ZF 级钢板,其屈强比不大于 0.66。

(4) 硬化指数 n。

硬化指数 n 是表示材料加工硬化程度的指标之一。n 反映材料产生均匀变形的能力,当 n 越大时,在伸长类变形过程中可以使变形均匀化,具有扩展变形区、减小坯料的局部变薄和增大极限变形参数的作用。对于复杂曲面形状的拉深,上述作用更为明显。n 值与杯突试验值成正比,其测定参见 GB/T 5028—2008 的有关规定。

(5) 板厚方向性系数 R(又称塑性应变比)。

板料的塑性会因金属的结晶和板料的轧制而在板料的不同方向发生变化。板厚方向性系

数 R 是板料在拉伸试验中伸长大于 20% 时的宽度应变 ε_b 与厚度应变 ε_t 之比,即

$$R = \frac{\varepsilon_b}{\varepsilon_t} = \frac{\ln \dfrac{b}{b_0}}{\ln \dfrac{t}{t_0}} \qquad (1-9)$$

式中,b_0、b、t_0、t 分别是变形前、后试样的宽度与厚度。

板料变形时,一般希望发生在板料的平面方向而厚度方向不发生大的变化。当 $R>1$ 时,板材厚度方向的变形比宽度方向的变形困难,故 R 值大的材料在复杂形状的曲面制件拉深成形时,坯料中间部分变薄量小;又由于与拉应力垂直的板料平面方向上的压缩变形比较容易,结果使中间部分起皱的趋向性降低。同时,R 值大时圆筒件的拉深极限变形程度增大。

图 1-5　拉深件的凸耳

(6) 板料平面方向性(凸耳参数)。

板料平面不同方向 R 值的差异会影响板料的冲压成形性能,其各向异性值的大小用凸耳参数 ΔR 来表示。凸耳现象是拉深时由板料平面的方向性表现在零件的口部不齐而形成的,如图 1-5 所示。

板料平面的方向性越大,凸耳现象越明显。生产中由于凸耳现象的影响,往往会造成制件总体的变形程度减小,甚至壁厚不等,导致制件的质量降低,因此,需增加工序来切除凸耳。

2) 直接试验

直接试验也称为模拟试验,是直接模拟某一类实际成形方式来成形小尺寸的试样。由于应力、应变状态基本相同,故试验结果能更确切地反映这类成形方式下材料的冲压成形性能。以下介绍几种重要的直接试验方法。

(1) 弯曲试验。

弯曲试验的目的是鉴定材料的弯曲性能。常用的弯曲试验是往复弯曲试验,即将试样夹持在专用测试设备的钳口内,反复折弯直至出现裂纹。弯曲半径越小,往复弯曲试验的次数就越多,材料的成形性能就越好。这种试验主要用于鉴定厚度在 2 mm 以下的材料。

(2) 胀形成形性能试验。

测定或评价材料胀形成形性能时,广泛应用胀形试验(杯突试验)。如图 1-6 所示为胀形试验,试样 2 放在压边圈 3 和凹模 1 之间压紧,球头凸模 4 向上运动,把试样在凹模 1 内胀成凸包,至凸包破裂时停止试验,并将此时的凸包高度记作杯突试验值 IE,作为胀形性能指标。IE 值越大,说明胀形成形性能越好。

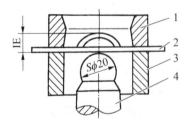

1—凹模;2—试样;3—压边圈;4—球头凸模。

图 1-6　胀形试验(杯突试验)

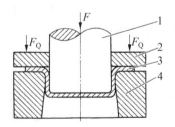

1—凸模;2—压边圈;3—工件;4—凹模。

图 1-7　冲杯试验(筒形件拉深试验)

（3）拉深成形性能试验。

测定或评价材料拉深成形性能时，常采用两种试验方法，其中冲杯试验是一种传统的试验方法，如图 1-7 所示。冲杯试验采用不同直径的试样（直径级差 1.25 mm），在有压边装置的试验用拉深模拉深。在试验过程中，逐级增大试样直径，测定杯体底部圆角附近不被拉破时的最大试样直径为 D_{max}，并用极限拉深程度 LDR 作为拉深成形的性能指标，即

$$LDR = \frac{D_{max}}{d_T} \qquad (1-10)$$

式中，d_T 为凸模直径，mm；D_{max} 为最大试样直径，mm。

LDR 越大，拉深成形的性能就越好。

1.4.4　冲压材料的选用

冲压材料的合理选用要考虑冲压件的使用要求、冲压工艺要求及经济性要求。

1. 根据冲压件的使用要求合理选择材料

所选择的材料应能使冲压件在机器或部件中正常工作，并具有一定的使用寿命。为此，应根据冲压件的使用条件，使所选择的材料满足相应的强度、刚度、韧性及耐蚀性和耐热性等方面的要求。

2. 根据冲压工艺要求合理选择材料

对于任何一个冲压件，所选择的材料都应能够按照其冲压工艺要求，稳定地成形出不致开裂和起皱的合格产品，这是对材料最基本也是最重要的选材要求。为此，可以用以下方法合理选择材料。

1）试冲

根据以往的生产经验及可能条件，选择几种基本能满足冲压件使用要求的材料进行试冲，最后选择没有开裂或皱褶、废品率低的一种。这种方法结果比较直观，但带有较大的盲目性。

2）分析与对比

在分析冲压变形性质的基础上，把冲压成形时的最大变形程度与材料冲压成形性能所允许采用的极限变形程度进行对比，并以此作为依据，选取适合于该种零件冲压工艺要求的材料。

3. 根据经济性要求合理选择材料

所选择的材料应在满足使用性能及冲压工艺要求的前提下，尽量使材料的价格低廉，来源广泛方便，易于采购，以降低冲压件的成本。

1.5　冲压成形设备

冲压设备都是压力机械，通过滑块带动上模相对下模做往复运动，克服工件变形阻力，完成冲压。在冲压生产中，为了适应不同的冲压工作需要，应采用各种不同类型的压力机。常用的冲压设备有剪板机（Q）、液压机（Y）、机械压力机（J）、弯曲机（W）。括号内字母为国家标准规定的代号。压力机的型号是按照锻压机械的类型、列和组编制的，如图 1-8 所示。

压力机按传动方式的不同，主要分为机械压力机和液压压力机两大类。其中机械压力机在冲压生产中应用最为广泛。一般冲压车间常见的机械压力机有曲柄压力机与摩擦压力机

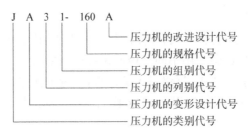

图 1-8　压力机的标准代号

等,其中又以曲柄压力机最为常用。下面主要介绍曲柄压力机的用途和分类、工作原理和结构组成以及主要技术参数等。

1.5.1　曲柄压力机的用途和分类

1. 曲柄压力机的用途

曲柄压力机是重要的压力加工设备,主要为压力加工提供动力和运动。曲柄压力机能完成各种冲压工艺,直接生产出成品或半成品。因此,曲柄压力机在汽车、拖拉机、电器、电子、仪表、国防、航空航天以及日用品等工业部门都得到了广泛的应用。

2. 曲柄压力机的分类

(1) 按工艺用途分。曲柄压力机可分为通用曲柄压力机和专用曲柄压力机。通用曲柄压力机适用于多工艺用途,如冲裁、弯曲、成形、浅拉深等;而专用曲柄压力机用途较为单一,如拉深压力机、板料折弯机、剪板机、热模锻压力机、高速压力机、冷镦压力机和精压机等。

(2) 按机身结构形式分。曲柄压力机可分为开式曲柄压力机和闭式曲柄压力机。如图 1-9 所示为开式曲柄压力机,床身前面、左面和右面三个方向是敞开的,操作和安装模具都很方便,便于自动送料,但由于床身呈 C 字形,刚性较差。当冲压压力较大时,床身容易变形,从而影响模具寿命,因此开式曲柄压力机适用于 2 000 kN 以下的中型、小型压力机。如图 1-10 所示,

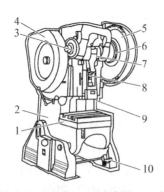

1—工作台;2—床身;3—制动器;4—安全罩;5—齿轮;6—离合器;7—曲轴;8—连杆;9—滑块;10—脚踏操纵器。

图 1-9　开式曲柄压力机

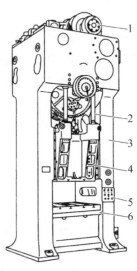

1—动力与传动系统;2—外滑块调整机构;3—机身;4—外滑块;5—控制面板;6—工作台。

图 1-10　闭式曲柄压力机

该设备为闭式曲柄压力机,其床身两侧封闭,只能前后送料,操作不如开式曲柄压力机方便,但机床刚性好,能承受较大的压力,适用于压力超过 2 500 kN 的大型、中型压力机和精度要求较高的轻型压力机。

（3）按连接曲柄和滑块的连杆数（点数）进行分类。曲柄压力机可分为单点、双点和四点曲柄压力机,如图 1-11 所示。曲柄连杆数的设置主要根据滑块面积的大小和吨位来定。曲柄连杆数越多,滑块承受偏心负荷的能力就越大。

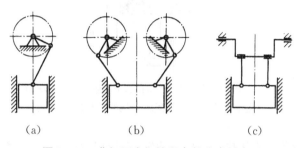

(a) (b) (c)

图 1-11 曲柄压力机按照点数分类示意图
(a)单点曲柄压力机;(b)双点曲柄压力机;(c)四点曲柄压力机

（4）按运动滑块的数量分。曲柄压力机可分为单动、双动和三动曲柄压力机,如图 1-12 所示。目前应用最多的是单动曲柄压力机,双动曲柄压力机和三动曲柄压力机主要用于拉深工艺。

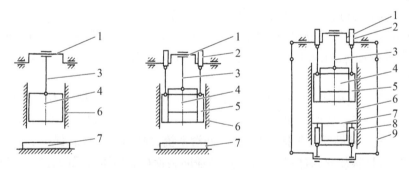

1—曲轴;2—凸轮;3—连杆;4—滑块;5—外滑块;6—机身;7—工作台;8—下滑块;9—联动机构。
图 1-12 曲柄压力机按运动滑块的数量分类示意图

1.5.2 曲柄压力机的工作原理和结构组成

1. 曲柄压力机的工作原理

曲柄压力机通过曲柄连杆机构将电动机的旋转运动转换为滑块的往复直线运动。尽管曲柄压力机类型众多,但其工作原理和基本组成是相同的。

图 1-9 中的开式曲柄压力机的工作原理如图 1-13 所示。电动机 1 通过传动带 2 把运动传给传动齿轮 3,传动齿轮 3 带动曲轴 4 旋转,将运动传给连杆 5,通过连杆 5 转换为滑块 6 的往复直线运动。在滑块 6 和工作台上分别安装上模、下模,即可完成相应的材料成形工艺。

2. 曲柄压力机的结构组成

根据各部分零件的功能,曲柄压力机可分为以下几个组成部分。

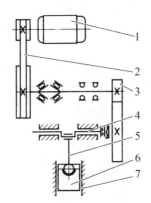

1—电动机；2—传动带；3—传动齿轮；4—曲轴；5—连杆；6—滑块；7—导轨(机身)。

图 1 - 13   开式曲柄压力机的工作原理图

（1）工作机构。设备的工作执行机构由曲轴、连杆和滑块等组成，将旋转运动转换成往复直线运动。由于工作机构是一刚性曲柄连杆机构，故曲柄压力机工作时有固定的上下极限位置(上死点、下死点)，可以精确控制成形件的尺寸。

（2）传动系统。传动系统由传动带和传动齿轮组成，将电动机的能量传输至工作机构。在传输过程中，转速逐渐降低，转矩逐渐增大。

（3）操作机构。操作机构主要由离合器、制动器以及相应电气器件组成，在电动机启动后，控制工作机构的运行状态，使其能间歇或连续工作。

（4）能源部分。能源部分由电动机和飞轮组成，机器运行的能源由电动机提供，开机后电动机对飞轮进行加速，压力机短时工作能量则由飞轮提供，飞轮起着储存和释放能量的作用。

（5）支承部分。支承部分由机身、工作台和紧固件等组成。它把压力机所有零部件连成一个整体、承受全部工作变形力和各种部件的重力，并要求保证整机所需的精度和强度。

（6）辅助系统。辅助系统包括气路系统、润滑系统、顶件装置、过载保护装置、滑块平衡装置、气垫、快换模、打料装置、监控装置等。这些辅助装置在曲柄压力机的正常工作中起着重要作用，可以使压力机安全运转，扩大工艺范围，提高生产率，降低工人劳动强度。在一些新型的曲柄压力机中都设有辅助系统。

1.5.3   曲柄压力机的主要技术参数

曲柄压力机的主要技术参数反映了一台压力机的工作能力、可加工零件的尺寸范围以及生产率等指标。掌握曲柄压力机主要技术参数的定义及数值是正确选用压力机的基础。合理选用压力机不仅关系到设备与模具的安全，还直接影响产品质量、模具寿命、生产效率和成本等。

1. 标称压力及标称压力行程

曲柄压力机标称压力 F_g（或称为额定压力）是指滑块所容许承受的最大作用力。滑块到下死点前某一特定距离之内允许承受标称压力，这一特定距离称为标称压力行程 s_g。与标称压力行程对应的曲柄转角定义为标称压力角 α_g。

由曲柄连杆机构的工作原理可知，曲柄压力机滑块的压力在整个行程中不是一个常数，而是随曲轴转角的变化而不断变化的。如图 1-14(a)所示，s 为滑块行程，x 为滑块距下死点的距离，F_{max} 为压力机的最大许用压力，F 为滑块在某位置时所允许的最大工作压力，α 为曲柄与铅垂线之间点的夹角。从图 1-14(b)曲线中可以看出，当曲柄转到滑块距下死点转角为 20°～30°中某一角度时，压力机的许用压力达到最大值 F_{max}，即所谓的标称压力 F_g。由于曲柄连杆机构的结构特征，F_g 与 s_g 是同时出现的，即在标称压力行程 s_g 外，设备的工作能力小于标称压力值，只有在标称压力行程 s_g 内，设备的工作能力才能达到标称压力 F_g 值，但也不能超过该值。例如 J23-40 曲柄压力机，其标称压力 F_g 为 400 kN，标称压力行程 s_g 为 7 mm，即该压力机在滑块距下死点前 7 mm 范围内，滑块上可容许的最大作用力为 400 kN。

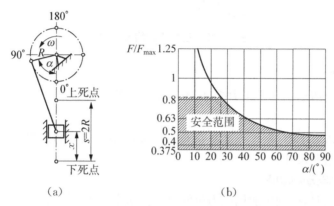

图 1-14　曲柄压力机标称压力及许用压力曲线(负荷图)

标称压力值已经系列化，主要取自优先数系列，如 63 kN、100 kN、160 kN、250 kN、315 kN、400 kN、630 kN、800 kN、1 000 kN、1 250 kN、1 600 kN 等。

2. 滑块行程

滑块行程是指滑块从上死点至下死点所经过的距离，其值是曲柄半径的两倍，它随设备的标称压力值增加而增加。有些压力机的滑块行程是可调的。

3. 滑块行程次数

滑块行程次数指在连续工作方式下滑块每分钟能往返的次数，与曲柄转速对应。通用曲柄压力机设备越小，滑块行程次数越大。对高速冲床，为实现大批量生产和模具调试，可以在试模及模具初始运行阶段以低速运行，一切正常后再切换至高速运行。

4. 最大装模高度及装模高度调节量

装模高度是指滑块在下死点时滑块下表面到工作台板上表面的距离，如图 1-15 所示。为了提高设备的适应性，装模高度是可调节的。最大装模高度是指当装模高度调节装置将滑块调节至最上位置时的装模高度值。

与装模高度并行的还有封闭高度，它是指滑块处于下死点时，滑块下表面与压力机工作台上表面的距离，它与装模高度不同的是多一块工作台垫板厚度，如图 1-15 所示。例如 J31-315 压力机的最大装模高度为 500 mm，装模高度调节量为 250 mm，因此在此设备上，除去极限位置的 5 mm，高度在 255～495 mm 的模具都可以正常安装及工作。

5. 工作台尺寸

工作台尺寸包括平面尺寸和漏料孔尺寸。

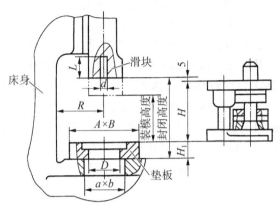

图1-15　压力机结构参数图

6.模柄孔尺寸

模柄孔尺寸主要适用于开式压力机,用于装夹模具的上模部分。

7.漏料孔尺寸

当工件或废料需要下落、模具底部需要安装弹顶装置时,下落件或弹顶装置的尺寸必须小于工作台中间的漏料孔尺寸。

8.曲柄压力机电动机功率

在进行冲压加工时,应确保曲柄压力机的电动机功率大于实际冲压过程所需的功率。

我国已制定通用曲柄压力机的技术参数标准,分别如表1-3~表1-5所示。这三个表是一个推荐标准,在实际选择设备时应以设备说明书上的相关参数为准。

表1-3　开式固定台曲柄压力机技术参数

型号	标称压力/kN	滑块行程/mm	行程次数/次每分钟	最大装模高度/mm	连杆调节长度/mm	工作台尺寸前后/mm×左右/mm	模柄孔尺寸直径/mm×深度/mm
J21-40	400	80	80	330	70	460×700	
J21-63	630	100	45	400	80	480×710	φ50×70
JB21-63	630	80	65	320	70	480×710	
J21-80	800	130	45	380	90	540×800	
J21-80A	800	14~130	45	380	90	540×800	φ60×75
JA21-100	1 000	130	38	480	100	710×1 080	
JB21-100	1 000	60~100	70	390	85	600×850	
J21-160	1 600	160	40	450	100	710×710	
J29-160	1 600	117	40	450	80	650×1 000	φ70×80
J29-160A	1 600	140	37	450	120	630×1 000	
J21-400	4 000	200	25	550	150	900×1 400	T形槽

表 1-4　开式双柱可倾式曲柄压力机技术参数

型号	标称压力/kN	滑块行程/mm	行程次数/次每分钟	最大装模高度/mm	连杆调节长度/mm	工作台尺寸前后/mm×左右/mm	模柄孔尺寸直径/mm×深度/mm
J23-10A	100	60	145	180	35	240×360	φ30×50
J23-16	160	55	120	220	45	300×450	φ30×50
J23-25	250	65	55/105	270	55	370×560	φ50×70
JD23-25	250	10~100	55	270	50	370×560	φ50×70
J23-40	400	80	45/90	330	65	460×700	φ50×70
JC23-40	400	90	65	210	60	380×630	φ50×70
J23-63	630	130	50	360	80	480×170	φ50×70
JB23-63	630	100	40/80	400	80	570×860	φ50×70
JC23-63	630	120	50	360	80	480×710	φ50×70
J23-80	800	130	45	380	90	540×800	φ60×75
JB23-80	800	115	45	417	80	480×720	φ60×75
J23-100	1 000	130	38	480	100	710×1 080	φ60×75
J23-100A	1 000	10~140	45	400	45	600×900	φ60×75
JA23-100	1 000	150	60	430	60	710×1 080	φ60×75
J23-125	1 250	130	38	480	110	710×1 080	φ60×75

表 1-5　闭式单点曲柄压力机技术参数

型号	标称压力/kN	滑块行程/mm	行程次数/次每分钟	最大装模高度/mm	连杆调节长度/mm	工作台尺寸前后/mm×左右/mm	模柄孔尺寸直径/mm×深度/mm
J31-100	1 000	165	35	280	100	630×635	φ70×80
J31-120	1 200	100	46	550	200	6 080×800	φ70×80
JA31-160A	1 600	160	32	480	120	790×710	φ70×100
JA31-160B	1 600	160	32	480	120	790×710	φ70×100
J31-250	2 500	315	20	630	200	990×950	φ70×100
JB31-250	2 500	190	28	560	140	900×850	φ70×100
JC31-250	2 500	200	28	460	160	900×850	φ70×100
J31-315	3 150	315	20	630	200	1 100×1 100	φ70×100
JA31-315	3 150	460	13	600	150	980×1 100	φ70×100
J31-400	4 000	230	23	660	160	1 060×990	T 形槽
J31-400A	4 000	400	20	710	250	1 250×1 200	T 形槽
JS31-500	5 000	250	25	530	160	1 060×990	T 形槽

（续表）

型号	标称压力/kN	滑块行程/mm	行程次数/次每分钟	最大装模高度/mm	连杆调节长度/mm	工作台尺寸前后/mm×左右/mm	模柄孔尺寸直径/mm×深度/mm
J31－630	6 300	460	12	850	200	1 500×1 200	
J31－1250	12 500	500	10	110	250	1 900×1 820	
J31－1600	16 000	500	10	110	200	1 900×1 750	

思考与练习一

第2章

冲裁工艺及模具设计

2.1 冲裁基础

2.1.1 冲裁

利用冲模使板料沿一定的轮廓形状产生分离的冲压工艺称为冲裁。冲裁工艺的种类很多,常用的有落料、冲孔、切边、切舌、切口、切断、剖切等,因此冲裁是分离工序的总称,其中落料和冲孔应用最为广泛。冲裁是冲压工艺的基本工序之一,在冲压加工中应用最广,它既可以直接冲出成品零件,也可以冲裁用作弯曲、拉深和成形等其他冲压工序的坯料,还可以在已成形的工件上进行再加工(如切边、切口、冲孔等工序)。

根据冲裁变形机理的不同,冲裁工艺可以分为普通冲裁和精密冲裁两大类。普通冲裁是指板料在凸模和凹模刃口之间以撕裂的形式实现板料分离,而精密冲裁则是以变形的形式实现板料分离。前者冲出的工件断面比较粗糙,精度较低;后者冲出的工件断面质量较好,精度较高,但需要有专门的精冲设备及精冲模具,生产成本较高。本章主要讨论普通冲裁。

2.1.2 落料与冲孔

1. 落料

材料沿封闭曲线轮廓分离,冲下所需形状的工件,封闭曲线以内的部分为冲裁件,此过程即为落料,落料时所使用的模具称为落料模,落料件的尺寸由冲裁凹模的尺寸决定。

2. 冲孔

材料沿封闭曲线轮廓分离,在工件上冲出所需形状的孔,封闭曲线以外部分为冲裁件,此过程称作冲孔。冲孔所用模具为冲孔模,冲孔尺寸由冲裁凸模尺寸决定。如图2-1所示的垫圈零件由落料和冲孔两道工序完成。

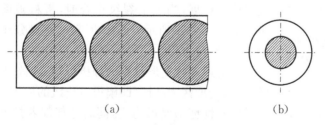

(a)   (b)

图 2-1 垫圈的落料与冲孔

(a)落料;(b)冲孔

2.2　冲裁变形过程

2.2.1　板料变形过程

　　冲裁时板料的变形过程如图 2-2 所示,凸模和凹模具有锋利的刃口且相互间保持均匀合适的间隙。冲裁时,板料放置于凹模上方,凸模随压力机滑块向下运动,冲穿板料进入凹模,使制件与板料产生分离而完成冲裁。冲裁过程是在瞬间完成的。板料的变形过程大致可以分为弹性变形、塑性变形和断裂分离三个阶段。

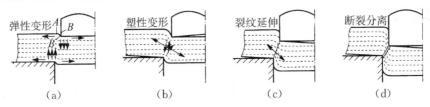

图 2-2　冲裁时板料的变形过程

(a)弹性变形阶段;(b)塑性变形阶段;(c)形成裂纹带;(d)断裂分离阶段

1. 弹性变形阶段

　　如图 2-2(a)所示,当凸模开始接触板料并下压时,在凸模和凹模的压力作用下,板料开始产生弹性压缩、弯曲和拉伸等变形,凸模略微切入板料上部,板料下部略微挤入凹模洞口,凸模下的材料略有向下弯曲,凹模上的材料则向上翘曲,此时,材料内部的应力未超过其弹性极限,因此外力一旦撤除,板料就可以恢复原来的形状。

2. 塑性变形阶段

　　当凸模继续压入,凸模切入板料,板料被挤入凹模刃口,当变形区域的应力超过材料屈服点时,塑性变形就产生了,如图 2-2(b)所示。此时,凸模、凹模刃口相邻区域的材料产生塑性剪切。由于凸模、凹模刃口间隙的存在,板料还伴随着弯曲和拉伸变形。当内应力达到材料强度极限时,塑性变形阶段结束。

3. 断裂分离阶段

　　当板料的内应力达到材料的强度极限后,凸模再向下压时,板料上与凸模、凹模刃口接触的部位形成裂纹,如图 2-2(c)所示。裂纹的起点一般先在凹模刃口附近的侧面产生,然后才在凸模刃口附近的侧面产生。随着凸模的断续下行,已产生的上下裂纹将沿最大剪应力方向不断向板料内部扩展,当上下裂纹重合时,板料被剪断分离,形成断裂带,如图 2-2(d)所示。凸模再下压,将已分离的板料从凹模中推出,完成冲裁过程。

　　由上述冲裁变形过程的分析可知,冲裁过程的变形是很复杂的,冲裁变形区为凸模、凹模刃口连线的周围材料部分,其变形性质是以塑性剪切变形为主,同时还伴随着拉伸、弯曲与横向挤压等变形。所以,冲裁件及废料的平面不平整,常有翘曲现象。

　　图 2-3 所示为冲裁力与凸模行程曲线,OA 段为冲裁的弹性

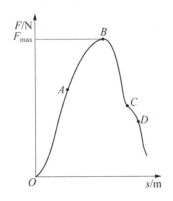

图 2-3　冲裁力与凸模行程曲线

变形阶段；AB 段为塑性变形阶段，B 点为冲裁力的最大值，在此点上材料开始剪裂；BC 段为断裂分离阶段，该段从产生微裂纹到裂纹的扩大，直至板料的分离；CD 段的冲裁力主要是用于克服摩擦力将冲裁件推出凹模孔口。

2.2.2　冲裁件断面的四个特征区

在正常的冲裁工作条件下，由凸模刃口产生的剪裂缝与由凹模刃口产生的剪裂缝是重合的，冲裁件断面上呈现明显的四个特征区域，即圆角带、光亮带、断裂带和毛刺，如图 2-4 所示。

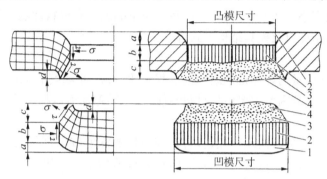

1—圆角带；2—光亮带；3—断裂带；4—毛刺。

图 2-4　冲裁时变形区的应力与变形情况及断面特征

1. 圆角带

圆角带又称塌角，该区域的形成主要是当凸模刃口刚压入板料时，刃口附近的材料产生弯曲和拉伸变形，材料被带进模具间隙而形成的。材料塑性越好，凸模、凹模间隙越大，形成的塌角也就越大。

2. 光亮带

光亮带紧挨着塌角，当刃口切入板料后，板料与模具侧面挤压而形成的光亮垂直断面。光亮带的高度占整个断面的 1/4～1/3，当材料塑性越好，凸模、凹模之间的间隙越小时，光亮带的高度就越高。

3. 断裂带

断裂带紧挨着光亮带，是由冲裁时产生的裂纹扩张而形成的。断裂带表面粗糙，并带有 4°～6°的斜角。当凸模、凹模的间隙越大，断裂带高度越大时，斜角也就越大。

4. 毛刺

毛刺紧挨着断裂带的边缘。在塑性变形阶段的后期，当凸模和凹模的刃口切入被加工的板料一定深度时，刃口正面材料被压缩，在拉应力作用下，裂纹加长，材料断裂面产生毛刺。毛刺会影响冲裁件的外观和使用性能，因此希望毛刺越小越好。普通冲裁中毛刺是不可避免的，但间隙合适时，毛刺的高度较小，易去除，普通冲裁允许的毛刺高度如表 2-1 所示。

表 2-1　普通冲裁允许的毛刺高度　　　　　　　　（单位：mm）

料厚 t	≤0.3	0.3～0.5	0.5～1.0	1.0～1.5	1.5～2.0
生产时	≤0.05	≤0.08	≤0.10	≤0.13	≤0.15
试模时	≤0.015	≤0.02	≤0.03	≤0.04	≤0.05

由此可见,冲裁件的断面不是很整齐,仅短短的一段光亮带是柱体。若不计弹性变形的影响,则板料冲孔的光亮柱体部分尺寸近似等于凸模尺寸;落料的光亮柱体部分尺寸近似等于凹模尺寸。

2.2.3　冲裁件的质量及其影响因素

冲裁件的质量包含冲裁件的断面状况、尺寸精度和形状误差。断面状况应尽可能垂直、光洁、毛刺小;尺寸精度应该保证在图纸规定的公差范围之内;零件外形应该满足图纸要求,表面应尽可能平直,即拱弯小。实践表明,影响冲裁件质量的因素有材料性能、间隙大小及均匀性、刃口锋利程度、模具精度以及模具结构形式等。

1. 断面质量

观察与分析断面质量的好坏是判断冲裁过程是否合理、冲裁模的工作情况是否正常的关键手段。影响断面质量的因素主要包括材料性能、冲裁间隙及刃口状态等。

1) 材料性能

材料塑性好,冲裁时裂纹出现得较迟,材料被剪切的深度较大,所得断面光亮带所占的比例就大,断面质量好。塑性差的材料容易拉断,材料被剪切不久就出现裂纹,使断面光亮带所占的比例小,大部分是粗糙的断裂带,断面质量差。

2) 冲裁间隙

当间隙合适时,凸模和凹模刃口所产生的裂纹会重合,所得冲裁件断面有一个微小的塌角,并形成光亮且与板平面垂直的光亮带。断裂带虽然粗糙但比较平坦,斜度不大,产生的毛刺较小,综合断面质量较好,如图 2-5(a)所示。当间隙过小,上下裂纹互不重合,两裂纹之间的材料随着冲裁的进行将被第二次剪切,在断面上形成第二光亮带,该光亮带中部有残留的断裂带(夹层),小间隙会使应力状态中的拉应力成分减小,挤压作用增大,材料塑性得到充分发挥,裂纹的产生受到抑制而推迟,光亮带宽度增加,冲裁件上存在较尖锐的挤出毛刺,如图 2-5(b)所示。当间隙过大,上下裂纹仍然不重合,因变形材料应力状态中的拉应力成分增大,材料的弯曲和拉伸也增大,使剪切断面塌角加大,光亮带的高度缩短,断裂带的高度增加,锥度也加大。有明显的拉断毛刺,拱弯、翘曲现象显著,冲裁件质量下降,如图 2-5(c)所示。

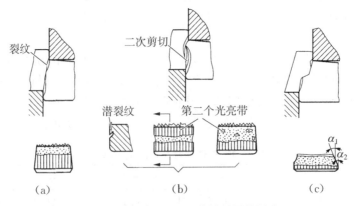

图 2-5　间隙大小对冲裁件质量的影响
(a)间隙合理;(b)间隙过小;(c)间隙过大

3）刃口状态

刃口状态对冲裁过程中的应力状态有较大影响。当模具刃口磨损成圆角时,挤压作用增大,此时冲裁件圆角和光亮带增大。当凸模刃口磨损,落料件的上端会产生毛刺;当凹模刃口磨损,冲孔件孔口的下端会产生毛刺。

2. 尺寸精度

冲裁件的尺寸精度受诸多因素的影响,主要有模具的制造精度、材料性质、冲裁间隙和冲裁件的形状等。

1）模具的制造精度

冲裁模具的制造精度直接影响冲裁件的尺寸精度。冲裁模的制造精度越高,冲裁件的精度亦越高。当冲裁模具具有合理间隙与锋利刃口时,其制造精度与冲裁件精度的关系如表 2-2 所示。

表 2-2　模具制造精度与冲裁件精度的关系

冲裁模的制作精度	材料厚度 t/mm											
	0.5	0.8	1.0	1.6	2	3	4	5	6	8	10	12
IT7～IT6	IT8	IT8	IT9	IT10	IT10	—	—	—	—	—	—	—
IT8～IT7	—	IT9	IT10	IT10	IT12	IT12	IT12	—	—	—	—	—
IT9	—	—	—	IT12	IT12	IT12	IT12	IT12	IT14	IT14	IT14	IT14

2）材料性质

由于受材料弹性变形的影响,冲裁结束后制件有回弹现象,使冲裁件的尺寸与凸模或凹模尺寸不符,从而影响其精度。材料的性质对制件在冲裁过程中的弹性变形量有很大的影响。对于弹性变形量较小的材料,冲裁后的回弹值也小,因而零件精度较高;对于弹性变形量较大的材料,冲裁后的回弹值也大,因而零件精度较低。

3）冲裁间隙

冲裁间隙对于冲裁件精度也有很大的影响。当冲裁间隙适当时,在冲裁过程中,板料的变形区在比较纯的剪切作用下被分离,冲裁后的回弹较小,冲裁件相对凸模和凹模尺寸的偏差也较小。

冲裁间隙过小时,板料在冲裁过程中除受剪切作用外还会受到较大的挤压作用。冲裁后挤压力消失,冲裁件的尺寸将会向实体的反方向胀大。对于落料件,其尺寸大于凹模尺寸;对于冲孔件,其尺寸小于凸模尺寸。

冲裁间隙过大时,板料在冲裁过程中除受剪切外还产生较大的拉伸与弯曲变形。冲裁后拉伸力消失,冲裁件的尺寸将会向实体方向收缩。对于落料件,其尺寸小于凹模尺寸;对于冲孔件,其尺寸大于凸模尺寸。

以落料件为例,冲裁间隙对制件尺寸精度的影响如图 2-6 所示。

3. 形状误差

由冲裁变形区受力分析可知,板料在冲裁过程中会受到弯曲力偶的作用,因此,冲裁件会出现弯拱现象。一般来说,加工硬化指数越大或凹模间隙越大,弯拱也越大。

预防和减少弯拱的措施包括:对于冲孔件,在模具结构上增设压料板;对于落料件,在凹模

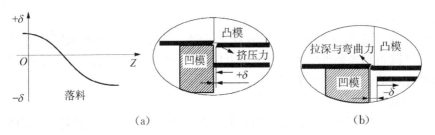

图 2-6　冲裁间隙对制件尺寸精度的影响

(a)冲裁间隙过小；(b)冲裁间隙过大

孔中加顶件板。

2.2.4　冲裁件的工艺性

冲裁件的工艺性是指冲裁件对冲裁工艺的适应性，主要包括冲裁件的结构与尺寸精度、断面粗糙度与材料等方面。所谓冲裁工艺性好是指用普通冲裁方法，在模具寿命和生产效率高、成本较低的条件下能得到质量合格的冲裁件。

1. 冲裁件的结构

（1）冲裁件形状力求简单、规则，有利于材料的合理利用。

（2）冲裁件的内、外形转角处应尽量避免尖角，应以圆弧过渡，如图 2-7 所示，以便于模具的加工，减少热处理时的变形及冲裁时拐角处的崩刃，延长模具的使用寿命。冲裁件最小圆角半径值如表 2-3 所示。

表 2-3　冲裁件最小圆角半径

冲件种类		黄铜、铝	合金钢	软钢	备注
落料	交角≥90°	0.18t	0.35t	0.25t	≥0.25
	交角<90°	0.35t	0.70t	0.50t	≥0.50
冲孔	交角≥90°	0.20t	0.45t	0.30t	≥0.30
	交角<90°	0.40t	0.90t	0.60t	≥0.60

（3）尽量避免冲裁件上过于窄长的悬臂和凹槽，否则会降低模具寿命和冲裁件质量，一般要求 $B \geqslant 1.5t$，$L \leqslant 5B$，如图 2-8 所示。

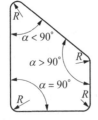

图 2-7　冲裁件的圆角

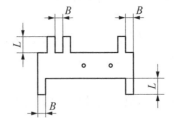

图 2-8　冲裁件的悬壁与凹槽

（4）冲孔时，受凸模强度的限制，孔的尺寸不能太小，否则凸模易折断或压弯。无导向凸模冲孔所能冲制的最小尺寸如表 2-4 所示，带护套凸模冲孔所能冲制的最小尺寸如表 2-5

所示。

表 2 - 4　无导向凸模冲孔的最小尺寸(t 为材料厚度)

冲件材料					
钢	$\tau_b > 700\,\mathrm{MPa}$	$d \geqslant 1.5t$	$b \geqslant 1.35t$	$b \geqslant 1.2t$	$b \geqslant 1.1t$
钢	$\tau_b = 400 \sim 700\,\mathrm{MPa}$	$d \geqslant 1.3t$	$b \geqslant 1.2t$	$b \geqslant 1.0t$	$b \geqslant 0.9t$
钢	$\tau_b < 400\,\mathrm{MPa}$	$d \geqslant 1.0t$	$b \geqslant 0.9t$	$b \geqslant 0.8t$	$b \geqslant 0.7t$
黄铜、铜		$d \geqslant 0.9t$	$b \geqslant 0.8t$	$b \geqslant 0.7t$	$b \geqslant 0.6t$
铝、锌		$d \geqslant 0.8t$	$b \geqslant 0.7t$	$b \geqslant 0.6t$	$b \geqslant 0.5t$

表 2 - 5　带护套凸模冲孔的最小尺寸(t 为材料厚度)

冲件材料	圆形孔(直径 d)	矩形孔(孔宽 b)
硬钢	$0.5t$	$0.4t$
软钢及黄铜	$0.35t$	$0.3t$
铝、锌	$0.3t$	$0.28t$

　　(5) 为减小工件变形和保证模具强度,冲裁件上孔与孔之间、孔与边缘之间的距离不能过小,一般要求 $a \geqslant (1 \sim 1.5)t$,$c \geqslant (1.5 \sim 2.0)t$,如图 2 - 9(a)所示。在弯曲件和拉深件上冲孔时,为避免冲孔时凸模受水平推力而折断,孔边与直壁之间应保持一定的距离,一般要求 $L \geqslant R + 0.5t$,如图 2 - 9(b)所示。

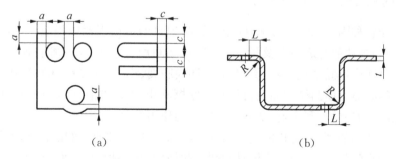

(a)　　　　　　　　　　　　　　(b)

图 2 - 9　冲孔件上的孔距及孔边距

2. 冲裁件的尺寸精度和表面粗糙度

　　冲裁件的精度一般可分为精密级与经济级两类。精密级是指冲压工艺在技术上所允许的最高精度,而经济级是指模具达到最大许可磨损时,其所完成的冲压加工在技术上可以实现而在经济上又最合理的精度,即所谓经济精度。为降低冲压成本,获得最佳的经济效果,在不影响冲裁件使用要求的前提下,应尽可能采用经济精度。

　　(1) 冲裁件的经济公差等级不高于 IT11 级,一般要求落料件公差等级最好低于 IT10,冲孔件最好低于 IT9 级。如果工件要求的公差等级高于 IT9 级,则冲裁后需经整修或采用精密冲裁。

(2) 冲裁件断面粗糙度与材料塑性、材料厚度、冲裁模间隙、刃口锐度及冲模结构等有关,当冲裁厚度为 2 mm 以下的金属板料时,其断面粗糙度 Ra 一般为 12.5～3.2 μm。

2.3　冲裁间隙

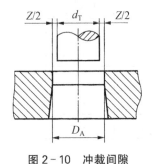

图 2-10　冲裁间隙

冲裁间隙是指冲裁模的凸模和凹模刃口轮廓相应尺寸的差值,如图 2-10 所示。即

$$Z = D_A - d_T \qquad (2-1)$$

式中,Z 为冲裁间隙,mm,如无特殊说明,一般是指双边间隙;D_A 为凹模刃口尺寸,mm;d_T 为凸模刃口尺寸,mm。

冲裁间隙是冲裁工艺与冲裁模具设计中一个非常重要的工艺参数,是影响冲件质量的主要因素,详见前节"冲裁变形过程"部分内容,除此之外冲裁间隙对冲裁力和模具寿命也有较大影响。

2.3.1　冲裁间隙对冲裁力的影响

随着间隙的增大,材料所受的拉应力增大,材料容易断裂分离,因此冲裁力有一定程度的降低。但当单边间隙在材料厚度的 5%～20% 时,冲裁力的降低范围为 5%～10%,因此,在正常情况下,间隙对冲裁力的影响不是很大。

间隙对卸料力、推件力、顶件力的影响比较显著,间隙增大后,从凸模上卸料和从凹模里推出零件都省力,当单边间隙达到材料厚度的 15%～25% 时,卸料力几乎为零。但若间隙继续增大,因为毛刺增大,将引起卸料力、顶件力迅速增大。

2.3.2　冲裁间隙对模具寿命的影响

模具寿命受各种因素的综合影响,间隙是影响模具寿命诸因素中最主要的因素之一。冲裁过程中,凸模与被冲的孔之间以及凹模与落料件之间均有摩擦,小间隙将使磨损增加,甚至使模具与材料之间产生黏结现象,并引起崩刃、凹模胀裂、小凸模折断、凸凹模相互啃刃等异常损坏。而较大的间隙可使凸模侧面及材料间的摩擦减小,并减缓由于受到制造和装配精度的限制,出现间隙不均匀的不利影响,从而提高模具的使用寿命。

为了减少凸凹模的磨损,延长模具使用寿命,在保证冲裁件质量的前提下应适当选用较大间隙值。若采用小间隙,就必须提高模具的硬度和精度,减小模具表面粗糙度,并保证良好润滑,以减小磨损。

2.3.3　冲裁间隙值的确定

由以上分析可见,冲裁间隙对冲裁件质量、冲裁力、模具寿命等都有很大影响,但很难找到一个固定的间隙值能同时满足冲裁件质量最佳、冲模寿命最长、冲裁力最小等各方面要求。因此,在冲压实际生产中,主要根据冲裁件断面质量、尺寸精度和模具寿命这三个因素综合考虑,给间隙规定一个范围。只要间隙在这个范围内,就能得到质量合格的冲裁件和较长的模具寿命。这个间隙范围称为合理间隙(Z),这个范围的最小值称为最小合理间隙($Z_{\min}$),最大值称为最大合理间隙($Z_{\max}$)。考虑到在生产过程中的磨损会使间隙变大,故设计与制造新模具时应采用最小合理间隙。

冲裁间隙的确定方法有理论确定法、经验公式法和查表法等。

1. 理论确定法

由冲裁变形过程的分析可知,决定合理间隙值的理论依据是保证在塑性剪切变形结束后,由凸模和凹模刃口处所产生的上、下剪切裂纹重合。图 2 - 11 所示为冲裁过程中开始产生裂纹的瞬时状态,根据图中几何关系可求得合理冲裁间隙值为

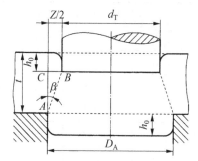

图 2 - 11　合理冲裁间隙的理论值示意图

$$Z = 2(t - h_0)\tan\beta = 2t(1 - h_0/t)\tan\beta \qquad (2-2)$$

式中,t 为材料厚度,mm;h_0 为产生裂纹时凸模压入板料的深度,mm;h_0/t 为产生裂纹时凸模压入板料的相对深度;β 为最大切应力方向与铅垂线间的夹角。

由式(2-2)可以看出,合理间隙值取决于 t、h_0/t 和 β 三个因素,常用材料的 h_0/t 与 β 的近似值如表 2 - 6 所示。由于 β 值的变化不大,所以影响合理间隙值的大小主要取决于板料厚度和材料性质。对于厚度较大、塑性较差的硬脆性材料,所需的合理间隙值较大;而对于厚度较薄、塑性较好的材料,所需的合理间隙值较小。由于理论计算法在生产中使用不方便,目前广泛采用经验公式法和查表法。

表 2 - 6　h_0/t 与 β 值

材料	h_0/t		$\beta/(°)$	
	退火	硬化	退火	硬化
软钢、纯铜、软黄铜	0.5	0.35	6	4
中硬钢、软黄铜	0.3	0.2	5	4
硬钢、硬青铜	0.2	0.1	4	3

2. 经验公式法

根据使用经验,对于尺寸精度、断面质量要求较高的制件应选用较小的间隙值,对于尺寸精度、断面质量要求不高的制件,应以降低冲裁力、提高模具寿命为主,可选用较大间隙值,在生产中常采用经验公式来计算并确定间隙值,如表 2 - 7 所示。

表 2 - 7　合理间隙经验公式

材料	料厚 t/mm	
	$t \leqslant 3$	$t > 3$
软钢、纯铁	$Z = (6\% \sim 9\%)t$	$Z = (15\% \sim 19\%)t$
铜、铝合金	$Z = (6\% \sim 10\%)t$	$Z = (16\% \sim 21\%)t$
硬钢	$Z = (8\% \sim 12\%)t$	$Z = (17\% \sim 25\%)t$

3. 查表法

(1) 当冲裁件的断面质量无特殊要求时,在间隙允许范围内,一般取较大的间隙值,这样可以延长模具使用寿命,并有效降低冲裁力、推件力和卸料力的大小,但过大的间隙会使冲裁件产生弯曲变形,此时应采用弹性卸料装置。汽车、拖拉机等行业的冲裁件可选用的间隙值如表 2-8 所示。

表 2-8　冲裁模初始双面间隙 Z(汽车、拖拉机等行业用)　　　　(单位:mm)

板料厚度	08、10、35、09Mn、Q235		Q345、16Mn		40、50		65Mn	
	Z_{min}	Z_{max}	Z_{min}	Z_{max}	Z_{min}	Z_{max}	Z_{min}	Z_{max}
0.5	0.040	0.060	0.040	0.060	0.040	0.060	0.040	0.060
0.6	0.048	0.072	0.048	0.072	0.048	0.072	0.048	0.072
0.7	0.064	0.092	0.064	0.092	0.064	0.092	0.064	0.092
0.8	0.072	0.104	0.072	0.104	0.072	0.104	0.064	0.092
0.9	0.090	0.126	0.090	0.126	0.090	0.126	0.090	0.126
1.0	0.100	0.140	0.100	0.140	0.100	0.140	0.090	0.126
1.2	0.126	0.180	0.132	0.180	0.132	0.180	—	—
1.5	0.132	0.240	0.170	0.240	0.170	0.240	—	—
1.75	0.220	0.320	0.220	0.320	0.220	0.320	—	—
2.0	0.246	0.360	0.260	0.380	0.260	0.380	—	—
2.1	0.260	0.380	0.280	0.400	0.280	0.400	—	—
2.5	0.360	0.500	0.380	0.540	0.380	0.540	—	—
2.75	0.400	0.560	0.420	0.600	0.420	0.600	—	—
3.0	0.460	0.640	0.480	0.660	0.480	0.660	—	—
3.5	0.540	0.740	0.580	0.780	0.580	0.780	—	—
4.0	0.640	0.880	0.680	0.920	0.680	0.920	—	—
4.5	0.720	1.000	0.680	0.960	0.780	1.040	—	—
5.5	0.940	1.280	0.780	1.100	0.980	1.320	—	—
6.0	1.080	1.440	0.840	1.200	1.140	1.500	—	—
6.5	—	—	0.940	1.300	—	—	—	—
8.0	—	—	1.200	1.680	—	—	—	—

注:冲裁皮革、石棉和纸板时,间隙为 0.8 钢的 25%。

(2) 当对冲裁件断面要求较高时,在间隙允许范围内,应考虑采用较小的间隙值。这时尽管模具的寿命有所降低,但制件的光亮带较宽,断面与板料面垂直,毛刺与圆角及弯曲变形都很小。电子、仪表、精密机械等断面质量要求较高的产品中的冲裁件可选用的间隙值如表 2-9 所示。

当模具采用线切割加工时,若直接从凹模中制取凸模,此时凸凹模间隙取决于电极丝直径、放电间隙和研磨量,但其总和不能超过最大单边初始间隙值。

表 2-9　冲裁模初始双面间隙 Z(电器、仪表等行业用)　　　　　　(单位:mm)

板料厚度	软铝		软钢、纯铜、黄铜 (W_C0.08%~0.20%)		杜拉铝、中性硬钢 (W_C0.30%~0.40%)		硬钢 (W_C0.50%~0.60%)	
	Z_{min}	Z_{max}	Z_{min}	Z_{max}	Z_{min}	Z_{max}	Z_{min}	Z_{max}
0.2	0.08	0.012	0.010	0.014	0.012	0.016	0.014	0.018
0.3	0.012	0.018	0.015	0.021	0.018	0.024	0.021	0.027
0.4	0.016	0.024	0.020	0.028	0.024	0.032	0.028	0.036
0.5	0.020	0.030	0.025	0.035	0.030	0.040	0.035	0.045
0.6	0.024	0.036	0.030	0.042	0.036	0.048	0.042	0.054
0.7	0.028	0.042	0.035	0.049	0.042	0.056	0.049	0.063
0.8	0.032	0.048	0.040	0.056	0.048	0.064	0.056	0.072
0.9	0.036	0.054	0.045	0.063	0.054	0.072	0.063	0.081
1.0	0.040	0.060	0.050	0.070	0.060	0.080	0.070	0.090
1.2	0.050	0.084	0.072	0.096	0.084	0.108	0.096	0.120
1.5	0.075	0.105	0.090	0.120	0.105	0.135	0.120	0.150
1.8	0.090	0.126	1.108	0.144	0.126	0.162	0.144	0.180
2.0	0.100	0.140	0.120	0.160	0.140	0.180	0.160	0.200
2.2	0.132	0.176	0.154	0.198	0.176	0.220	0.198	0.242
2.5	0.150	0.200	0.175	0.225	0.200	0.250	0.225	0.275
2.8	0.168	0.224	0.196	0.252	0.224	0.280	0.252	0.308
3.0	0.180	0.240	0.210	0.270	0.240	0.300	0.270	0.330
3.5	0.245	0.315	0.280	0.350	0.315	0.385	0.350	0.420
4.0	0.280	0.360	0.320	0.400	0.360	0.440	0.400	0.480
4.5	0.315	0.405	0.360	0.450	0.405	0.490	0.450	0.540
5.0	0.350	0.450	0.400	0.500	0.450	0.550	0.500	0.600
6.0	0.480	0.600	0.540	0.660	0.600	0.720	0.660	0.780
7.0	0.560	0.700	0.630	0.770	0.700	0.840	0.770	0.910
8.0	0.720	0.880	0.800	0.960	0.880	1.040	0.960	1.120
9.0	0.870	0.990	0.900	1.080	0.990	1.170	1.080	1.260
10.0	0.900	1.100	1.000	1.200	1.100	1.300	1.200	1.400

注:① 初间隙的最小值相当于间隙的公称数值。
　　② 初始间隙的最大值是指考虑了凸模和凹模的制造公差所增加的数值。
　　③ 表中所列最小值、最大值是指新制造模具时初始间隙的变动范围,并非磨损极限。
　　④ 在使用过程中,由于模具工作部分的磨损,间隙将有所增加,因而间隙的使用最大数值要超过表列数值。
　　⑤ 对于硅钢片(电工薄钢板),间隙值按照软钢计算。

从表 2-8 和表 2-9 中可以看出,合理间隙值有一个相当大的变动范围,为(5%～20%)t。取较小的间隙有利于提高冲裁件的质量,取较大的间隙则有利于提高模具的寿命。

对于薄料,间隙很小,如板料厚度小于 0.2 mm,则可以认为是无间隙模具。因此,冲裁薄料的工艺性是很差的,对模具的精度要求很高。在模具结构上也应采取一些特殊的措施来满足冲裁时无间隙的要求。

2.4 冲裁模刃口尺寸计算

冲裁件的尺寸精度主要取决于模具刃口的尺寸精度。模具的合理间隙值也是靠模具刃口尺寸及制造公差来保证。所以,正确确定模具刃口尺寸及公差,是冲裁模设计中的一项重要工作。

2.4.1 冲裁模刃口尺寸计算原则

(1) 设计落料模时,落料件的尺寸是由凹模决定的,因此应以落料凹模为基准,间隙取在凸模上。根据磨损规律,凹模磨损后会增大落料件的尺寸,因此凹模基本尺寸应取工件尺寸公差范围内的较小尺寸,凸模基本尺寸则是在凹模基本尺寸上减去最小合理间隙。

(2) 设计冲孔模时,冲孔件的尺寸是由凸模决定的,因此应以冲孔凸模为基准,间隙取在凹模上。根据磨损规律,凸模磨损后会减小冲孔件的尺寸,因此凸模基本尺寸应取工件孔的尺寸公差范围内的较大尺寸,凹模基本尺寸则在凸模基本尺寸上加上最小合理间隙。

(3) 凸模和凹模之间应保证合理的间隙,由于间隙在模具磨损后会增大,所以在设计凸模和凹模时,冲裁间隙取初始间隙的最小值。

(4) 凸凹模刃口的制造公差应根据冲裁件尺寸公差和凸凹模加工方法确定,既要保证冲裁间隙要求和冲出合格零件,又要便于模具加工。一般冲模精度较工件精度高 2～4 级。对于形状简单的圆形、方形刃口,其制造公差值可按 IT6～IT7 级来选取;对于形状复杂的刃口,制造公差可按工件相应部位公差值的 1/4 来选取;对于刃口尺寸磨损后无变化的,制造偏差值可取工件相应部位公差值的 1/8 并冠以(±)。

2.4.2 冲裁模刃口尺寸计算方法

1. 分别加工法

分别加工法指分别设计出凸模和凹模刃口尺寸与制造公差,并分别进行加工,冲裁间隙由凸凹模刃口尺寸及制造公差保证。分别加工法主要用于冲裁件形状简单、间隙较大的模具和精度较低的模具或用线切割等精密设备加工凸模和凹模的模具。优点是凸凹模具有互换性,制造周期短,便于成批制造,但最小间隙不易保证,需提高加工精度,制造难度较大。

根据上述尺寸计算原则,冲裁时的凸模和凹模工作部分尺寸及公差分布情况如图 2-12 所示。

(1) 落料凹模和落料凸模刃口尺寸的计算公式分别为

$$D_A = (D_{max} - x\Delta)_0^{+\delta_A} \tag{2-3}$$

$$D_T = (D_A - Z_{min})_{-\delta_T}^0 \tag{2-4}$$

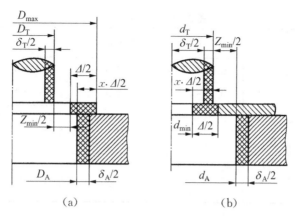

图2-12　凸模和凹模工作部分尺寸及公差的分布情况

(a)落料；(b)冲孔

（2）冲孔凸模和冲孔凹模刃口尺寸的计算公式分别为

$$d_{\mathrm{T}} = (d_{\min} + x\Delta)^{0}_{-\delta_{\mathrm{T}}} \tag{2-5}$$

$$d_{\mathrm{A}} = (d_{\mathrm{T}} + Z_{\min})^{+\delta_{\mathrm{A}}}_{0} \tag{2-6}$$

（3）孔中心距，孔中心距尺寸在模具磨损后工作尺寸基本不变，在同一工步中，在工件上冲出孔距为 $L \pm \Delta$ 的孔时，凹模型孔中心距计算公式为

$$L_{\mathrm{d}} = (L_{\min} + 0.5\Delta) \pm \frac{1}{8}\Delta \tag{2-7}$$

式中，D_{A}、D_{T} 为落料凹模和落料凸模的基本尺寸，mm；d_{T}、d_{A} 为冲孔凸模和冲孔凹模的基本尺寸，mm；$D_{\max}$ 为落料件的最大极限尺寸，mm；$d_{\min}$ 为冲孔件的最小极限尺寸，mm；L_{d} 为凹模型孔中心距，mm；$L_{\min}$ 为冲件孔心距的最小极限尺，mm；Δ 为冲裁件的公差，mm；δ_{A} 为凹模上偏差，mm，如表 2-10 所示；δ_{T} 为凸模下偏差，mm，如表 2-10 所示；x 为磨损系数，其值为 0.5~1，与冲裁件精度有关，可按冲裁件的公差值由表 2-11 查取，或按冲裁件的公差等级选取。当冲裁件公差等级为 IT10 以上时，取 $x=1$；当冲裁件公差等级为 IT13~IT11 时，取 $x=0.75$；当冲裁件公差等级为 IT14 以下时，取 $x=0.5$。

表2-10　简单形状冲裁时凸、凹模的制造偏差　　　　　　　　　　（单位：mm）

公称尺寸	凸模偏差 δ_{T}	凹模偏差 δ_{A}	公称尺寸	凸模偏差 δ_{T}	凹模偏差 δ_{A}
≤18	0.020	0.020	>180~260	0.030	0.045
>18~30	0.020	0.025	>260~360	0.035	0.050
>30~80	0.020	0.030	>360~500	0.040	0.060
>80~120	0.025	0.035	>500	0.050	0.070
>120~180	0.030	0.040			

注：δ_{A}、δ_{T} 也可按零件公差 Δ 的 1/4~1/3 来选取，对于制造简单，精度容易保证的冲裁件，制造公差也可按 IT8~IT6 级选取，一般 δ_{T} 比 δ_{A} 高一级。

表 2-11　磨损系数 x

材料厚度 t	冲裁件制造公差 Δ				
≤1	≤0.16	0.17~0.35	≥0.36	<0.16	≥0.16
1~2	≤0.20	0.21~0.41	≥0.42	<0.20	≥0.20
2~4	≤0.24	0.25~0.49	≥0.50	<0.24	≥0.24
>4	≤0.30	0.31~0.59	≥0.60	<0.30	≥0.30
磨损系数	非圆形冲裁件 x 值			圆形冲裁件 x 值	
	1	0.75	0.5	0.75	0.5

　　通过查表法选取凸模、凹模的制造偏差时,为保证初始间隙小于最大合理间隙,必须满足下列条件:

$$|\delta_{\text{T}}| + |\delta_{\text{A}}| \leqslant Z_{\max} - Z_{\min} \qquad (2-8)$$

即新制造的模具应该保证 $|\delta_{\text{T}}| + |\delta_{\text{A}}| + Z_{\min} \leqslant Z_{\max}$,否则新制造的模具初始间隙已超过允许的变动范围 $Z_{\max} \sim Z_{\min}$。

　　如果上式不能满足,凸模、凹模制造偏差应按下式进行调整:

$$\delta_{\text{T}} = 0.4(Z_{\max} - Z_{\min}) \qquad (2-9)$$

$$\delta_{\text{A}} = 0.6(Z_{\max} - Z_{\min}) \qquad (2-10)$$

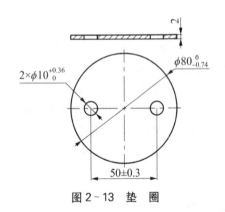

图 2-13　垫圈

　　【例 2-1】　冲制如图 2-13 所示垫圈,材料为 Q235 钢,料厚 $t = 2\,\text{mm}$,用分别加工法计算凸模和凹模刃口尺寸及公差。

　　解:由图可知,该零件属于无特殊要求的一般冲裁件,$\phi 80_{-0.74}^{0}$ 由落料获得,$2 \times \phi 10_{0}^{+0.36}$ 及 50 ± 0.3 由冲孔获得。查表 2-5 得,$Z_{\min} = 0.246\,\text{mm}$,$Z_{\max} = 0.360\,\text{mm}$。

$$Z_{\max} - Z_{\min} = 0.360 - 0.246 = 0.114\,(\text{mm})$$

　　1)落料

　　查表 2-10 得,$\delta_{\text{A}} = 0.03\,\text{mm}$,$\delta_{\text{T}} = 0.02\,\text{mm}$;查表 2-11 得,$x = 0.5\,\text{mm}$。

$|\delta_{\text{T}}| + |\delta_{\text{A}}| = 0.05\,\text{mm} < 0.114\,\text{mm}$,满足分别加工时 $|\delta_{\text{T}}| + |\delta_{\text{A}}| \leqslant Z_{\max} - Z_{\min}$ 的要求。落料凸模和凹模刃口尺寸及公差分别为

$$D_{\text{A}} = (D_{\max} - x\Delta)_{0}^{+\delta_{\text{A}}} = (80 - 0.5 \times 0.74)_{0}^{+0.03} = 79.63_{0}^{+0.03}\,(\text{mm})$$

$$D_{\text{T}} = (D_{\text{A}} - Z_{\min})_{-\delta_{\text{T}}}^{0} = (79.63 - 0.246)_{-0.02}^{0} = 79.384_{-0.02}^{0}\,(\text{mm})$$

　　2)冲孔

　　查表 2-10 得,$\delta_{\text{A}} = +0.02\,\text{mm}$,$\delta_{\text{T}} = -0.02\,\text{mm}$;查表 2-11 得,$x = 0.5\,\text{mm}$。

$|\delta_{\text{T}}| + |\delta_{\text{A}}| = 0.04 < 0.114\,\text{mm}$,满足分别加工时 $|\delta_{\text{T}}| + |\delta_{\text{A}}| \leqslant Z_{\max} - Z_{\min}$ 的要求。

冲孔凸模和凹模刃口尺寸及公差分别为

$$d_T = (d_{min} + x\Delta)_{+\delta_T}^0 = (10 + 0.5 \times 0.36)_{-0.02}^0 = 10.18_{-0.2}^0 (mm)$$

$$d_A = (d_T + Z_{min})_0^{+\delta_A} = (10.18 + 0.246)_0^{+0.02} = 10.426_0^{+0.02} (mm)$$

3）孔中心距

$$L_d = (L_{min} + 0.5\Delta) \pm \frac{1}{8}\Delta = (49.7 + 0.5 \times 0.6) \pm \frac{1}{8}0.6 = 50 \pm 0.075 (mm)$$

2. 凸模与凹模配合加工法

采用凸模与凹模分别加工法时，为了保证凸凹模的间隙值，必须严格控制模具的制造公差，这样往往会造成冲模制造困难甚至不可能制造。所以对于冲制形状复杂或薄材料工件的模具，常采用凸模与凹模配合加工法制造。

配合法是先按设计好的尺寸制作一个基准模具（凸模或凹模），然后根据制作好的基准模具尺寸配做另一件，使它们之间达到最小合理间隙值。

这种加工方法的特点是模具的间隙由配制保证，与模具制造精度无关，这样可放大基准模的制造公差，降低模具制造成本。设计时，详细标注基准模的刃口尺寸及制造公差，配制件上只标注公称尺寸，不标注公差，在图纸技术要求上应注明双面合理间隙值范围。

在计算复杂形状的凸模和凹模工作部分的尺寸时，往往可以发现在一个凸模或凹模上会同时存在着三类不同性质的尺寸，需要区别对待。

第一类：凸模或凹模在磨损后会增大的尺寸。

第二类：凸模或凹模在磨损后会减小的尺寸。

第三类：凸模或凹模在磨损后基本不变的尺寸。

如图 2-14 所示为复杂形状冲裁件的尺寸分类。其中，尺寸 a、b、c 对凸模来说属于第二类尺寸，对于凹模来说则属于第一类尺寸；尺寸 d 对于凸模来说属于第一类尺寸，对于凹模来说则属于第二类尺寸；尺寸 e 对于凸模和凹模来说都属于第三类尺寸。

下面分别讨论在凸模或凹模上这三类尺寸的不同计算方法。

1）凸模或凹模在磨损后会增大的尺寸

对于冲孔凸模或落料凹模在磨损后将会增大的尺寸，相当于简单形状的落料凹模尺寸，所以它的基本尺寸及制造公差的确定方法就与式（2-3）类同，即

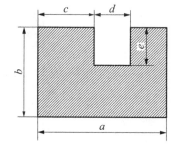

图 2-14　复杂形状冲裁件的尺寸分类

$$A = (A_{max} - x\Delta)_0^{+(1/4)\Delta} \tag{2-11}$$

2）凸模或凹模在磨损后会减小的尺寸

对于冲孔凸模或落料凹模在磨损后将会减小的尺寸，相当于简单形状的冲孔凸模尺寸，所以它的基本尺寸及制造公差的确定方法就与式（2-5）类同，即

$$B = (B_{min} + x\Delta)_{-(1/4)\Delta}^0 \tag{2-12}$$

3）凸模或凹模在磨损后基本不变的尺寸

对于凸模或凹模在磨损后基本不变的尺寸，不必考虑磨损的影响，凸模和凹模的基本尺寸就取冲裁件的中间尺寸，其公差取对称公差，即

$$C = (C_{\min} + 0.5\Delta) \pm \frac{1}{8}\Delta \qquad (2-13)$$

【例 2 - 2】 冲裁件如图 2 - 14 所示，材料为 10 钢，冲裁件的尺寸为 $a = 80_{-0.40}^{\ 0}$ mm，$b = 40_{-0.34}^{\ 0}$ mm，$c = 35_{-0.34}^{\ 0}$ mm，$d = 22 \pm 0.14$ mm，$e = 15_{-0.2}^{\ 0}$ mm，厚度 $t = 1.5$ mm，用配合加工法计算冲裁模的刃口尺寸及公差。

解： 制件为落料件，以凹模为基准，查表 2 - 5 得，$Z_{\min} = 0.132$ mm，$Z_{\max} = 0.240$ mm；查表 2 - 10，对于尺寸 e，$x = 1$；其余尺寸，$x = 0.75$，落料凹模的基本尺寸计算分别为

$$a_A = (80 - 0.75 \times 0.4)_0^{+(1/4) \times 0.4} = 79.70_0^{+0.1} \, (\text{mm})$$

$$b_A = (40 - 0.75 \times 0.34)_0^{+(1/4) \times 0.34} \approx 39.75_0^{+0.085} \, (\text{mm})$$

$$c_A = (35 - 0.75 \times 0.34)_0^{+(1/4) \times 0.34} \approx 34.75_0^{+0.085} \, (\text{mm})$$

$$d_A = (22 - 0.14 + 0.75 \times 0.28)_{-(1/4) \times 0.28}^{0} = 22.07_{-0.07}^{0} \, (\text{mm})$$

$$e_A = (15 - 0.1) \pm 1/8 \times 0.2 = (14.90 \pm 0.025) \, (\text{mm})$$

落料凸模的基本尺寸与凹模相同，分别为 79.70 mm、39.75 mm、34.75 mm、22.07 mm、14.90 mm，但不必标注公差，在技术要求中注明与落料凹模的配合间隙为 0.132～0.240 mm。

落料凹模和凸模的刃口尺寸如图 2 - 15 所示。

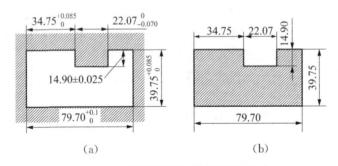

图 2 - 15　落料凹模和凸模的刃口尺寸
(a)落料凹模尺寸；(b)落料凸模尺寸

2.5　冲裁排样设计

2.5.1　材料的合理利用

排样是指冲裁零件在条料、带料或板料上的布置方法。合理有效的排样是保证在最低的材料消耗的条件下，得到符合设计技术要求的工件。在冲压工作中，冲压件材料消耗费用可达总成本的 $60\% \sim 75\%$，合理利用材料是降低成本的有效措施，尤其在成批和大量生产中，冲压

零件的年产量达数十万件,甚至数百万件,材料合理利用的经济效益就更为突出。

材料的利用率是衡量排样经济性的指标,指冲裁件的实际面积与冲裁所用板料面积的百分比,即

$$\eta = (S_a / S) \times 100\% \qquad (2-14)$$

式中,η 为材料的利用率,值越大表明材料利用率越高;S_a 为冲裁件的实际面积;S 为冲裁所用板料面积(包括冲裁件的面积和废料面积)。

冲裁所产生的废料可分为结构废料与工艺废料两种。结构废料是由冲裁件的形状特点决定的,工艺废料因冲件之间和冲件与条料侧边之间的搭边,以及料头、料尾和边余料产生的,由冲压方式与排样方式所决定,如图 2-16 所示。因此要提高材料利用率,主要应从减少工艺废料着手。

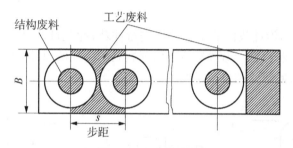

图 2-16 冲裁废料

合理地排样是减少工艺废料的主要手段,在不影响零件使用要求的情况下,适当改变零件结构也可以减少结构废料以提高材料利用率。采用图 2-17(a)所示的排样方法,材料利用率仅为 50%;采用图 2-17(b)所示的排样方法,材料利用率为 60%;采用图 2-17(c)所示的排样方法,材料利用率可以提高到 70%;在适当改变零件结构后,采用图 2-17(d)所示的排样方法,材料利用率可提高到 80%。此外利用结构废料做小零件,也可以使材料利用率大大提高,如图 2-18 所示。

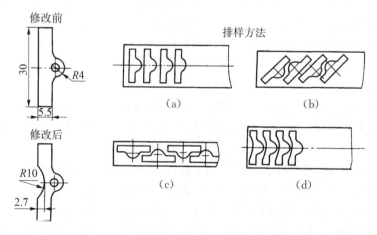

图 2-17 设计排样方法以提高材料利用率

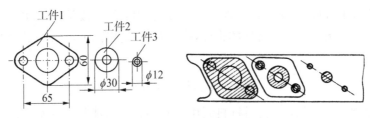

图 2-18　结构废料作小零件

2.5.2　排样方法

根据材料的利用程度,排样方法可分为有废料排样法、少废料排样法和无废料排样法三种。

1. 有废料排样法

如图 2-19(a)所示,沿冲裁件的全部外形进行冲裁,冲裁件与冲裁件之间及冲裁件与条料侧边之间都有工艺废料存在。有废料排样法材料利用率较低,其冲裁件质量较好,模具寿命较长,用于冲裁形状复杂、尺寸精度要求高的制件。

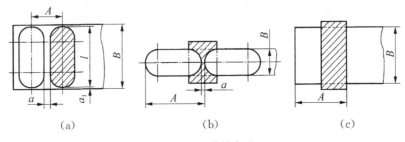

图 2-19　排样方法
(a)有废料排样法;(b)少废料排样法;(c)无废料排样法

2. 少废料排样法

如图 2-19(b)所示,沿着冲裁件的部分外轮廓进行冲裁,只在冲件与冲裁件之间或冲裁件与条料侧边之间留有工艺废料。少废料排样材料利用率高,可为 70%～90%,因受剪裁条料质量和定位误差的影响,其冲件质量较差,同时边缘毛刺被凸模带入间隙也影响模具使用寿命。

3. 无废料排样法

如图 2-19(c)所示,冲裁件沿一定的轮廓线与条料切断分开,且冲裁件之间及冲裁件与条料侧边之间均无工艺废料。这种排样方法材料利用率最高,但对冲裁件的结构形状有特定要求。

采用少废料、无废料的排样法,材料利用率高,这不仅有利于一模获得多个冲裁件,而且还可以简化模具结构,降低冲裁力。但是少废料、无废料的排样法应用范围有一定的局限性,会受到工件形状、结构的限制,且条料本身的宽度公差以及条料导向与定位所产生的误差,会直接影响冲裁件尺寸而使冲裁件的精度降低。同时,往往因模具单面受力而加快磨损,降低模具寿命,也会直接影响冲裁件的断面质量,因此,排样时必须全面权衡利弊。

无论采用哪种排样方法,根据冲裁件在条料上的不同布置方法,排样方法又有直排、斜排、对排(直对排、斜对排)、混合排、多排和冲裁搭边等排列形式,如表 2-12 所示。对于形状较复杂的冲裁件,要用计算方法选择一个合理的排样方式是比较困难的,通常是用厚纸片剪 3~5 个样件,在摆出各种可能的排样方案后,再从中选择一个比较合理的方案作为排样图。

表 2-12　排样形式

排样形式	有废料排样		少、无废料排样	
	简图	用途	简图	用途
直排	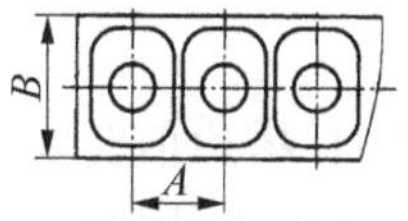	几何形状简单的圆形、矩形等制件	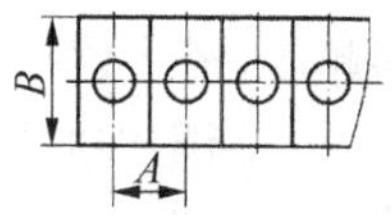	矩形制件
斜排	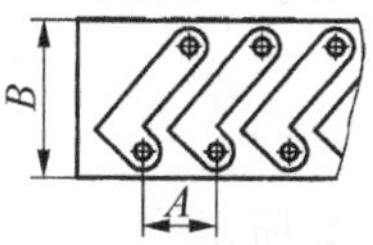	T 形、L 形或其他复杂外形制件	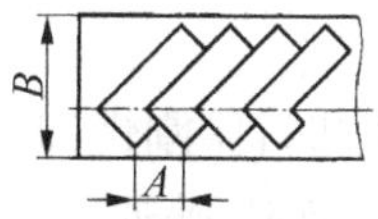	L 形或其他外形制件,在外形上允许有小的缺陷
直对排	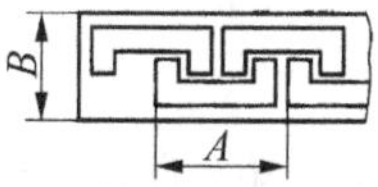	T 形、U 形、E 形制件	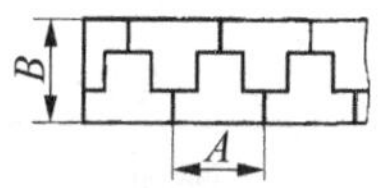	梯形、三角形、T 形制件
斜对排	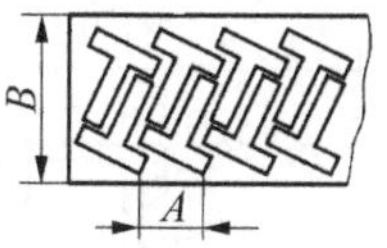	用于材料利用率比直对排高的场合	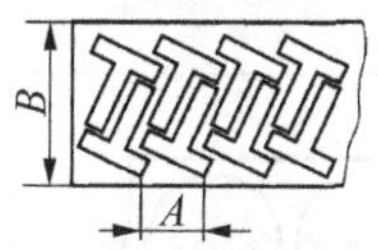	T 形制件
混合排	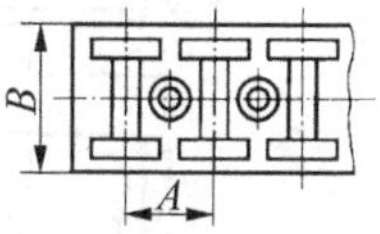	材料与厚度均相同的不同制件	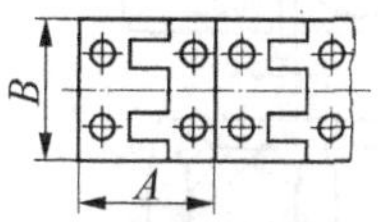	两制件外形相互嵌入的制件
多排	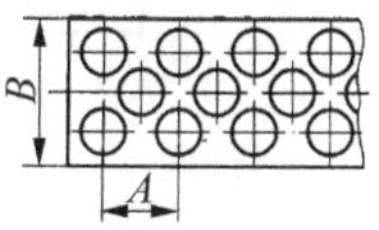	大批量生产中尺寸较小的圆形、方形及六角形制件	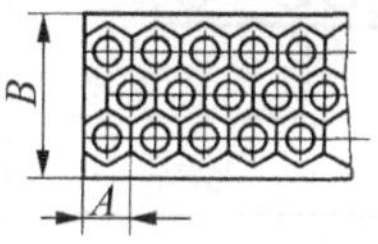	大批量生产中尺寸较小的圆形、方形及六角形制件
冲裁搭边	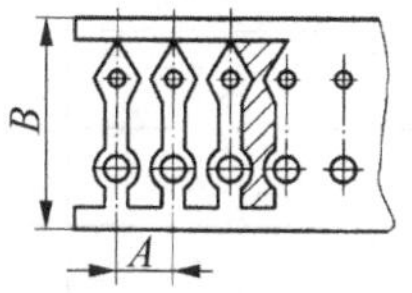	大批量生产小型窄冲件	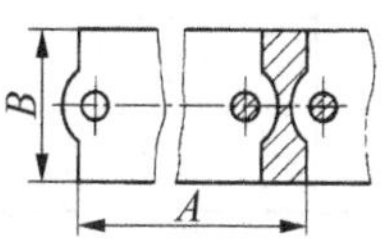	用宽度均匀的条料或卷料冲裁长形件

2.5.3　搭边值的确定

排样时冲裁件与冲裁件之间(a)及冲裁件与条料之间(a_1)留下的工艺余料称为搭边,如图 2-19(a)所示。

1. 搭边的作用

(1) 搭边的作用是补偿条料的剪裁误差、送料步距误差以及由条料与导料板有间隙造成的送料歪斜误差。若没有搭边,则可能发生工件缺角、缺边或尺寸超差等废品。

(2) 由于搭边的存在,使凸凹模刃口沿整个封闭轮廓线冲裁,避免冲裁时毛刺被拉入模具间隙,使模具刃口受力平衡,合理间隙不易被破坏,模具寿命与工件断面质量都能提高。

(3) 对于利用搭边自动送料的模具,搭边能增加条料的刚度,以保证条料的连续送进。

2. 搭边的数值

搭边过大将导致材料浪费,而搭边过小,则无法发挥其应有的作用。特别地,过小的搭边可能会被拉入凸模和凹模的间隙中,造成模具磨损,甚至损坏模具刃口。因此,搭边的合理数值就是在保证冲裁件质量、模具有较长寿命和自动送料不被拉弯拉断的条件下允许的最小值。影响搭边值的大小主要有以下因素。

(1) 材料的机械性能。硬材料的搭边值可小些,软材料、脆性材料要取大些。

(2) 板料厚度。板料越厚,搭边值越大。

(3) 零件的形状和尺寸。当零件的形状复杂、有尖突且尺寸大时,搭边值要取大些。

(4) 送料及挡料方式。手动送料,有侧压装置时,其搭边值可以小些;用侧刃定距比用挡料销定距的搭边值要小些。

(5) 卸料方式。弹性卸料比刚性卸料的搭边值要小些。

搭边值一般由经验来确定,普通冲裁时的最小搭边值如表 2-13 所示。

表 2-13 普通冲裁最小搭边值　　　　　　　　　　　　　　　　　　（单位:mm）

材料厚度 t	圆形及 $r \geqslant 2t$ 圆角		矩形件边长 $L < 50t$		矩形件边长 $L \geqslant 50t$ 或 圆角 $r \leqslant 2t$	
	工件间 a	侧边 a_1	工件间 a	侧边 a_1	工件间 a	侧边 a_1
<0.25	1.8	2.0	2.2	2.5	2.8	3.0
0.25~0.15	1.2	1.5	1.8	2.0	2.2	2.5
0.5~0.8	1.0	1.2	1.5	1.8	1.8	2.0
0.8~1.2	0.8	1.0	1.2	1.5	1.5	1.8
1.2~1.6	1.0	1.2	1.5	1.8	1.8	2.0
1.6~2.0	1.2	1.5	1.8	2.0	2.0	2.2
2.0~2.5	1.5	1.8	2.0	2.2	2.2	2.5
2.5~3.0	1.8	2.2	2.2	2.5	2.5	2.8
3.0~3.5	2.2	2.5	2.5	2.8	2.8	3.2
3.5~4.0	2.5	2.8	2.8	3.2	3.2	3.5
4.0~5.0	3.0	3.5	3.5	4.0	4.0	4.5
5.0~12.0	0.6t	0.7t	0.7t	0.8t	0.8t	0.9t

2.5.4　送料步距与条料宽度的计算

1. 送料步距

条料在模具上每次送进的距离称为送料步距(简称步距或进距),每个步距可以冲出一个或几个零件。步距的大小应为条料上相邻两个冲裁件沿送料方向对应点之间的距离,如图 2 - 20 所示。每次只冲一个零件的步距 A 的计算公式为

$$A = D + a \tag{2-15}$$

式中,D 为平行于送料方向的冲裁件宽度,mm;a 为冲裁件之间的搭边值,mm。

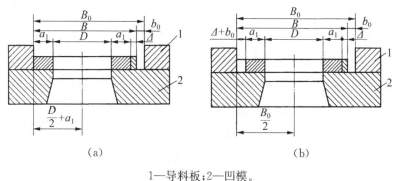

1—导料板;2—凹模。

图 2 - 20　条料宽度的确定

(a)有侧压装置;(b)无侧压装置

2. 条料宽度

条料宽度的确定原则是最小条料宽度要保证冲裁时零件周边有足够的搭边值;最大条料宽度要保证冲裁时能顺利地在导料板之间送进条料,且条料与导料板之间有一定的间隙。因此,在确定条料宽度时必须考虑模具的结构中是否采用了侧压装置和侧刃,应根据不同结构分别进行计算。

(1)当导料板之间有侧压装置时或手动将条料紧贴单边导料板(或两个单边导料销)时,按下式计算,如图 2 - 20(a)所示。

条料宽度为

$$B_{-\Delta}^0 = (D_{\max} + 2a_1 + \Delta)_{-\Delta}^0 \tag{2-16}$$

导料板宽度为

$$B_0 = B + b_0 \tag{2-17}$$

(2)当条料在无侧压装置的导料板之间送料时,可按下式计算,如图 2 - 20(b)所示。

条料宽度为

$$B_{-\Delta}^0 = (D_{\max} + 2a_1 + 2\Delta + b_0)_{-\Delta}^0 \tag{2-18}$$

导料板宽度为

$$B_0 = B + b_0 \tag{2-19}$$

式中,D_{max} 为冲裁件垂直与送料方向的最大尺寸,mm;a_1 为冲裁件与条料侧边之间的搭边值,mm;Δ 为条料剪裁时的下偏差如表 2-14 所示,mm;b_0 为条料与导料板之间的间隙如表 2-15 所示,mm。

表 2-14　条料剪裁时的下偏差 Δ　　　　　　　　　　　　　　（单位:mm）

条料宽度 B	调料厚度 t			
	≤1	1~2	2~3	3~5
≤50	0.4	0.5	0.7	0.9
50~100	0.5	0.6	0.8	1.0
100~150	0.6	0.7	0.9	1.1
150~220	0.7	0.8	1.0	1.2
220~300	0.8	0.9	1.1	1.3

表 2-15　条料与导料板之间的间隙 b_0　　　　　　　　　　　　（单位:mm）

条料厚度	无测压装置			有测压装置	
	条料宽度				
	≤100	100~200	200~300	≤100	>100
≤0.5	0.5	0.5	1	5	8
0.5~1	0.5	0.5	1	5	8
1~2	0.5	1	1	5	8
2~3	0.5	1	1	5	8
3~4	0.5	1	1	5	8
4~5	0.5	1	1	5	8

2.5.5　材料利用率计算

1. 一个步距内材料的利用率

一个步距内材料的利用率是一个步距内零件的实际面积与所用毛坯面积的百分比来表示的,如图 2-21 所示。

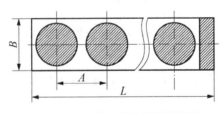

图 2-21　一个步距内材料利用率

$$\eta = \frac{S_1}{S_0} \times 100\% = \frac{S_1}{AB} \times 100\% \qquad (2-20)$$

式中，S_1 为零件的实际面积，mm^2；S_0 为一个步距内所需毛坯面积，mm^2；A 为送料步距，mm；B 为条料宽度，mm。

2．一个条料内材料的利用率

准确利用率与料头和料尾等因素有关，可以用条料利用率 ηr 来表示

$$\eta r = \frac{n_1 S_1}{LB} \times 100\% \qquad (2-21)$$

式中，n_1 为条料上能冲出的零件个数；L 为条料长度；B 为条料宽度。

3．一张料上材料的利用率

考虑剪板时边料消耗情况，可用整张板料的总利用率来表示

$$\eta r = \frac{n_1 n_2 S_1}{S_Z} \times 100\% \qquad (2-22)$$

式中，n_2 为整张钢板上能剪裁出的条料个数；S_1 为零件的实际面积，mm^2；S_Z 为整张钢板的面积，mm^2。

2.6　冲裁力和压力中心计算

2.6.1　冲裁力的计算

冲裁力是指冲裁过程中凸模对板料施加的压力，其大小随凸模进入材料的深度而变化，通常所说的冲裁力是指冲裁力的最大值，它是选用冲压设备、模具设计及强度校核的重要依据。

普通平刃口模具冲裁，冲裁力 F(N)的计算公式为

$$F = KLt\tau \qquad (2-23)$$

式中，K 为系数；L 为冲裁件周长，mm；t 为板料厚度，mm；τ 为材料的抗剪强度，MPa。

系数 K 为考虑到刃口钝化、间隙不均匀、材料力学性能与厚度波动等因素而增加的安全系数，一般取 $K = 1.3$。

2.6.2　降低冲裁力的措施

当板料较厚或冲裁件尺寸较大，所产生的冲裁力过大，压力机吨位不够时，或为实现小设备冲裁大件时，可用下列方法来减小冲裁力的大小。

1．阶梯冲裁

在多凸模的冲裁模中，将凸模设计成不同高度，使工作端面呈阶梯布置，如图 2-22 所示，这样各凸模冲裁力的最大值不同时出现，从而达到降低冲裁力的目的。为了避免小直径凸模由于受材料流动的侧压力影响而倾斜或折断，

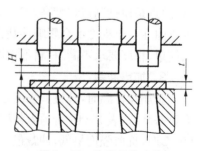

图 2-22　阶梯凸模冲裁

采用阶梯布置时应将小凸模做得短一些。

阶梯凸模间的高度差 H 与板料厚度 t 有关：当 $t \leqslant 3\,mm$ 时，一般取 $H = t$；当 $t > 3\,mm$ 时，一般取 $H = 0.5t$。阶梯冲裁的冲裁力一般只按产生最大冲裁力的那一层阶梯进行计算。

阶梯冲裁的优点是不仅可降低冲力，而且还能适当减少振动；缺点是刃口修磨比较麻烦。其主要用于有多个凸模而其位置又较对称的模具。

2. 斜刃冲裁

将凸模或凹模刃口平面做成与轴线倾斜一个角度的斜刃，冲裁时整个刃口不是与冲裁件周边同时接触，而是逐步切入，相当于把冲裁件整个周边分成若干小段进行剪切分离，从而达到降低冲裁力的目的，如图 2-23 所示。

斜刃冲裁会使板料产生弯曲，为了获得平整的制件，尽量将弯曲变形产生在废料上，因此落料时应将斜刃做在凹模上，如图 2-23(a) 和图 2-23(b) 所示，冲孔时应将斜刃做在凸模上，如图 2-23(c)、图 2-23(d)、图 2-23(e) 和图 2-23(f) 所示。斜刃还应当对称布置，以免冲裁时模具承受单向侧压力而发生偏移，啃伤刃口。

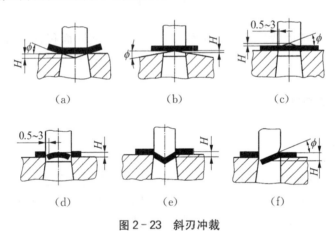

图 2-23　斜刃冲裁

刃口倾斜高度 H 越大，冲裁力越小，但凸模需进入凹模越深，刃口磨损越快，板料的弯曲越严重，而过小的斜刃高度则起不到减小冲裁力的作用。斜刃角 ϕ 越大，冲裁力越小，但过大的斜刃角会降低刃口强度，加快刃口磨损速度，降低模具使用寿命，而过小的斜刃角度则起不到减小冲裁力的作用。一般 H 和 ϕ 的取值：当 $t < 3\,mm$ 时，$H = 2t$，$\phi < 5°$；当 $t = 3 \sim 10\,mm$ 时，$H = t$，$\phi < 8°$。

斜刃冲裁的优点是压力机能在柔和的条件下工作，当冲裁件很大时，冲力大小降低显著；缺点是模具制造难度高，刃口修磨困难，有些情况下模具刃口形状还需修正。冲裁时，废料的弯曲在一定程度上会影响冲裁件的平整，在冲裁厚料时表现得更为严重。因此，其适用于形状简单、精度要求不高、材料不太厚的大件冲裁。

3. 加热冲裁

金属在常温时，其抗剪强度是一定的，但是当金属材料加热到一定温度之后，其抗剪强度会显著降低，表 2-16 所示为各种钢在不同温度下的抗剪强度。从表中可以看出当钢加热到 900℃时，抗剪强度最低，冲裁最有利，所以一般加热冲裁是把材料加热到 800℃～1 000℃时进行。加热冲裁的优点是冲裁力降低显著；缺点是冲裁工艺复杂，热加工后材料塑性增强，断面质量较差(圆角大、有毛刺),冲裁件上会产生氧化皮,导致精度降低。所以,加热冲裁一般用于厚板或尺寸精度及表面质量要求不高的冲裁件。

表 2-16 钢在加热状态的抗剪强度 (单位:MPa)

钢的牌号	加热到以下温度时的抗剪强度					
	200℃	500℃	600℃	700℃	800℃	900℃
Q195.Q215.10.15	353	341	196	108	59	29
Q235.Q255.20.25	441	411	235	127	88	69
30.35	520	511	324	157	88	69
40.45.50	588	569	373	186	88	69

2.6.3 卸料力、推件力和顶件力的计算

冲裁过程中材料存在着弹性变形,冲裁后由于材料的弹性恢复,使落料件或冲孔废料塞在凹模内,而板料紧箍在凸模上,为了使冲裁工作继续进行,必须将箍在凸模上的板料卸下,将塞在凹模内的工件或废料向下推出。如图 2-24 所示从凸模上卸下板料所需的力称为卸料力 $F_{卸}$,将塞在凹模内的工件或废料顺着冲裁的方向推出所需的力称为推件力 $F_{推}$,将塞在凹模内的工件或废料逆着冲裁的方向顶出所需的力称为顶件力 $F_{顶}$。

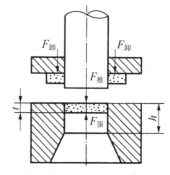

图 2-24 卸料力、推件力、顶件力

影响卸料力、推件力和顶件力的因素很多,主要有冲裁件轮廓的形状、冲裁间隙、材料的机械性能、板料的厚度、模具刃口形状和润滑情况等,在实际生产中常用经验公式计算:

$$F_{卸} = K_{卸} F \tag{2-24}$$

$$F_{推} = n K_{推} F \tag{2-25}$$

$$F_{顶} = K_{顶} F \tag{2-26}$$

式中,F 为冲裁力的大小;$K_{卸}$、$K_{推}$、$K_{顶}$ 分别为卸料力、推件力、顶件力系数,如表 2-17 所示;n 为塞在凹模内的冲件数,$n = h/t$,h 为凹模直壁刃口的高度,t 为材料的厚度。

表 2-17 卸料力、推件力和顶件力系数

材料	料厚 t/mm	$K_{卸}$	$K_{推}$	$K_{顶}$
钢	≤0.1	0.06~0.09	0.1	0.14
	0.1~0.5	0.04~0.07	0.065	0.08
	0.5~2.5	0.025~0.06	0.05	0.06
	2.5~6.5	0.02~0.05	0.045	0.05

材料	料厚 t/mm	$K_卸$	$K_推$	$K_顶$
	>6.5	0.015～0.04	0.025	0.03
铝、铝合金		0.03～0.08	0.03～0.07	
纯铜、黄铜		0.02～0.06	0.03～0.09	

注：$K_卸$ 在冲多孔、大搭边和轮廓复杂时取上限值。

2.6.4 压力机所需总冲压力的计算

总冲压力是指冲裁过程中冲裁力、卸料力、推件力和顶件力的总和。它是设计模具时选择冲压设备和校核模具强度的重要依据。

当模具采用弹压卸料装置和下出件时，总冲压力为

$$F_总 = F + F_卸 + F_推 \qquad (2-27)$$

当模具采用弹压卸料装置和上出件时，总冲压力为

$$F_总 = F + F_卸 + F_顶 \qquad (2-28)$$

当模具采用刚性卸料装置和下出件时，总冲压力为

$$F_总 = F + F_推 \qquad (2-29)$$

2.6.5 压力中心的计算

冲压力合力的作用点称为压力中心。为了保证压力机和冲模正常、平稳地工作，必须使冲模的压力中心与压力机滑块中心重合。对于带模柄的中小型冲模，需要使其压力中心与模柄轴心线重合，否则，冲裁过程中压力机滑块和冲模将会承受偏心载荷，使滑块导轨和冲模导向部分产生不正常磨损，合理间隙得不到保证，刃口迅速变钝，从而降低冲压件质量和模具使用寿命，甚至损坏模具。

压力中心的计算方法常用的有计算机造型分析法和解析法。计算机造型分析法是借助计算机三维造型软件（UG、Creo 等），依冲裁件的轮廓造型出厚度很小的实体，然后利用软件的查询功能找出质心位置，即为冲裁件压力中心。解析法是采用空间平行力系的合力作用线的方法求解，下面分别说明不同工作情况下采用解析法计算压力中心的方法。

1. 开式冲裁件的压力中心计算

（1）图 2-25(a)所示为任意一直线段，其压力中心为

$$\chi_0 = 0.5a \qquad (2-30)$$

（2）图 2-25(b)所示为任意一折线段，其压力中心为

$$\chi_0 = \frac{al}{a+b} \qquad (2-31)$$

（3）图 2-25(c)所示为不封闭的矩形，其压力中心为

$$\chi_0 = \frac{ab + a^2}{2a + b} \qquad (2-32)$$

（4）半径为 R、夹角为 2α 的弧线段如图 2 - 25(d)所示,其压力中心为

$$\chi_0 = \frac{57.3}{\alpha} R \sin\alpha \qquad (2-33)$$

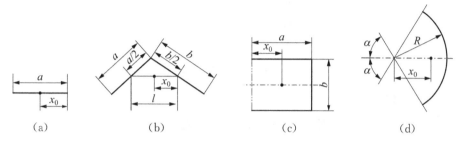

图 2 - 25　开式冲裁的压力中心

2. 闭式冲裁件的压力中心计算

（1）图 2 - 26(a)所示为任意三角形,其压力中心为三条中线的交点。

（2）图 2 - 26(b)所示的半径为 R、夹角为 2α 的扇形,其压力中心为

$$\chi_0 = \frac{38.2}{a} R \sin\alpha \qquad (2-34)$$

（3）图 2 - 26(c)所示为任意梯形,可直接由图示的作图法求得其压力中心。

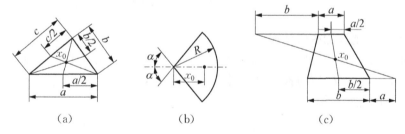

图 2 - 26　闭式冲裁的压力中心

对于冲裁其他任何对称形状的工件,其压力中心就是工件的几何中心。

3. 复杂形状冲裁件的压力中心计算

复杂形状冲裁件的压力中心,可根据合力对某轴的力矩等于各分力对同轴力矩之和的力学原理求得。

以图 2 - 27 为例,说明复杂形状冲裁件的压力中心计算方法。

（1）先选定坐标轴 x 轴和 y 轴。

（2）将工件周边分成若干简单的直线和圆弧段,求出各段长度及压力中心的坐标尺寸。

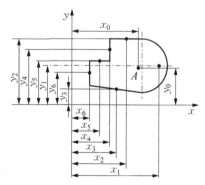

图 2 - 27　复杂形状冲裁件的压力中心

$$l_1, l_2, \cdots, l_n$$

$$x_1, x_2, \cdots, x_n$$

$$y_1, y_2, \cdots, y_n$$

（3）计算压力中心 A 的位置坐标。

对于 y 轴，各分力矩为

$$
\begin{array}{ccccc}
K & l_1 & t & \tau & x_1 \\
K & l_2 & t & \tau & x_2 \\
& & \vdots & & \\
K & l_n & t & \tau & x_n
\end{array}
$$

各分力力矩之和为

$$K(l_1 x_1 + l_2 x_2 + \cdots + l_n x_n) t\tau$$

合力矩为

$$K(l_1 + l_2 + \cdots + l_n) t\tau x_0$$

根据各分力矩之和等于合力矩的原则，可以求解得到压力中心的横坐标为

$$x_0 = \frac{l_1 x_1 + l_2 x_2 + \cdots + l_n x_n}{l_1 + l_2 + \cdots + l_n} \tag{2-35}$$

同理可求出压力中心的纵坐标为

$$y_0 = \frac{l_1 y_1 + l_2 y_2 + \cdots + l_n y_n}{l_1 + l_2 + \cdots + l_n} \tag{2-36}$$

4. 多凸模冲裁的压力中心计算

多凸模冲裁压力中心计算方法类似于复杂形状冲裁件的压力中心计算方法，如图 2-28 所示。此时 $l_1, l_2, \cdots, l_n$ 应为各凸模的周长，而 $x_1, x_2, \cdots, x_n$ 与 $y_1, y_2, \cdots, y_n$ 则分别为各凸模压力中心的位置坐标。

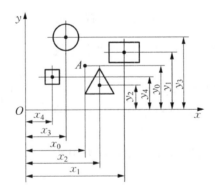

图 2-28　多凸模冲裁的压力中心

2.7　冲裁模典型结构

2.7.1　冲裁模的分类

冲裁模是冲压生产中必不可缺的工艺装备,其良好的模具结构是实现工艺方案的可靠保证。冲压零件的质量和精度,主要决定于冲裁模的质量和精度。冲裁模结构是否合理,直接影响生产效率及冲裁模本身的使用寿命和操作的安全性、方便性等。冲裁件形状、尺寸、精度、生产批量及生产条件不同,冲裁模的结构形式也不同。

冲裁模的结构形式很多,为研究方便,一般可按下列不同特征进行分类。

（1）按工序性质可分为落料模、冲孔模、切断模、切口模、切边模、剖切模等。

（2）按工序组合方式可分为单工序模、复合模和级进模。

（3）按上下模的导向方式可分为无导向的开式模和有导向的导板模、导柱模和导筒模等。

（4）按凸凹模的材料可分为硬质合金冲模、钢质冲模、锌基合金冲模、聚氨酯冲模等。

（5）按凸凹模的结构可分为整体模和镶拼模。

（6）按凸凹模的布置方法可分为正装模和倒装模。

（7）按控制送料步距的方法可分为固定挡料销式冲模、活动挡料销式冲模、自动挡料销式冲模、导正销式冲模和侧刃式冲模等。

（8）按模具专业化程度可分为通用模、专用模、组合模、简易模等。

（9）按自动化程度可分为手工操作模、半自动模和自动模。

2.7.2　单工序冲裁模的典型结构

单工序冲裁模又称简单冲裁模,是指在压力机的一次行程内只完成一道工序的冲裁模。如落料模、冲孔模、切断模、切口模、切边模等。

1. 落料模

1）无导向落料模

图 2-29 所示为用于加工圆片的无导向落料模。

模具的上模部分由模柄和凸模组成,下模部分由卸料板、导料板、凹模、下模座和挡料块等组成。模具的上模部分通过模柄 6 安装在压力机的滑块上做往复运动,模具的下模部分通过下模座 1 用 T 形螺钉和压板固定在压力机工作台上。导料板 3 左右各一块,控制条料的送料方向。挡料块 7 通过挡住条料的搭边来控制送料步距,每次送料时,要将条料抬起,超过挡料块的高度,才能向前送进。冲裁件在凸模推动下直接从凹模孔落下。箍在凸模上的条料则在上模回程时由卸料板 4(左右各一块)将其卸下。

无导向单工序冲裁模结构简单,易于制造和维修,模具在冲床上安装时,调整间隙的均匀性困难,凸模与凹模的相对正确位置只能靠冲床导轨与滑块的配合精度来保证,因此模具的导向精度差,模具寿命低,操作也不够安全,主要适用于冲裁精度要求不高、形状简单、批量小的冲裁件。

这副无导向单工序冲裁模在结构上具有一定的通用性,模具通过更换凸模和凹模,调整导料、定位、卸料零件的位置,可以冲压尺寸相近的不同零件。另外,将定位件和卸料件结构改

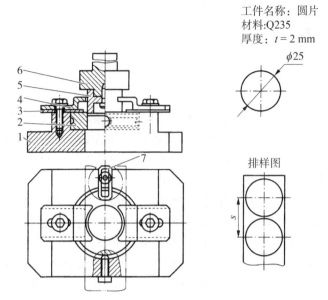

工件名称：圆片
材料:Q235
厚度：$t = 2\ mm$

$\phi 25$

排样图

s

1—下模座；2—凹模；3—导料板；4—卸料板；5—凸模；6—模柄；7—挡料块。

图 2-29　无导向落料模

变,能改为冲孔模。

2) 导板式落料模

在凸模外布置一导板,对凸模上下运行起导向作用,保证在冲裁过程中凸、凹模间隙均匀分布。凸模与导板为间隙配合,且其配合间隙小于冲裁间隙。对于薄料 ($r \leqslant 0.8\ mm$),导板与凸模的配合为 H6/h5;对于厚料($\geqslant 3\ mm$),其配合方式为 H8/h7。为保证导向精度和导板的使用寿命,工作过程中不允许凸模离开导板。因此,采用导板式冲裁模要选用行程(一般不大于 20 mm)较小的压力机或选用行程能调节的偏心压力机。与无导向落料模相比,导板式落料模精度较高,模具寿命长,但模具制造较困难,常用于料厚大于 0.3 mm 的简单冲裁件。

如图 2-30 所示为导板式落料模。该模具的上模部分由模柄、上模座、两个凸模、垫板、凸模固定板等组成;下模部分由导板、导料板、凹模、下模座、固定挡料销、始用挡料销等组成。其上、下模运动的导向依靠导板 9 与凸模的间隙配合保证。导板 9 还起卸料作用。承料板 11 的顶面与凹模 13 顶面在同一平面上,它的作用是在冲裁时增大条料的支承面。始用挡料销 20 控制板料第一次冲裁的送料位置,固定挡料销 16 控制以后各次送料步距。

工作时,条料沿导料板送到始用挡料销处挡料,上模下行,凸模由导板导向而进入凹模完成首次冲裁,落下一个零件,松开始用挡料销,条料继续送至固定挡料销处挡料,进行第二次冲裁,第二次冲裁时落下两个零件。此后,条料送进距离由固定挡料销来控制,分离后的制件被凸模从凹模刃口中依次推出。回程时导板起卸料作用,将箍在凸模上的条料刮下。

3) 导柱式落料模

对于精度要求较高,生产批量较大的冲裁件,多采用导柱式冲裁模。工作时,上下模之间的运动由导柱、导套进行导向,间隙容易保证。用导柱、导套进行导向比用导板导向可靠性高,寿命长,使用安装方便,但模具轮廓尺寸较大,模具较重,制造成本高。用于精度要求高、生产批量大、材料厚度较小的冲裁件。

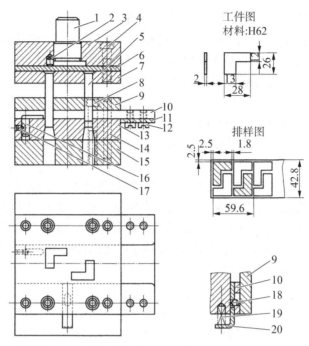

1—模柄;2、17—止动销;3—上模座;4、8—内六角螺钉;5—凸模;6—垫板;7—凸模固定板;
9—导板;10—导料板;11—承料板;12—螺钉;13—凹模;14—圆柱销;15—下模座;
16—固定挡料销;18—限位销;19—弹簧;20—始用挡料销。

图 2-30　导板式落料模

如图 2-31 所示为导柱式落料模。导套装在上模座,导柱装在下模座,导柱与导套之间采用间隙配合(H6/h5 或 H7/h6)。导柱与导套的入口处均有较大圆角,因此当模具开启时即使导柱与导套脱离,在闭合时仍能顺利导入。弹性卸料装置由卸料板 11、卸料弹簧 2 与卸料

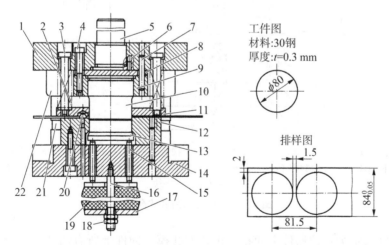

1—上模座;2—卸料弹簧;3—卸料螺钉;4—螺钉;5—模柄;6—止转销,7—圆柱销;8—垫板;
9—凸模固定板;10—落料凸模;11—卸料板;12—落料凹模;13—顶件板;
14—下模座;15—顶杆;16—螺栓;17—钢板;18—螺母;19—橡胶;
20—固定挡料销;21—导柱;22—导套。

图 2-31　导柱式落料模

螺钉 3 组成,弹性顶件装置由橡胶 19、顶杆 15 与顶件板 13 组成,在冲裁过程中,条料与冲裁件在弹性卸料装置和弹性顶件装置的压紧下完成冲裁,所以冲出的工件表面平整度高,质量好,特别适用于冲裁厚度较薄、材质较软的冲裁件。为了不妨碍弹性卸料的压平作用,在落料凹模 12 上应开设对固定挡料销及导料销的避空孔。

工作时条料沿导向零件送至固定挡料销定处,上模下行,在卸料弹簧的作用下,卸料板先压住条料,同时,顶件板也将凸模下的板料压紧在凸模的端面上,冲裁完成后,上模上行,弹簧恢复并推动卸料板把箍在凸模上的条料卸下,同时弹性顶件装置将卡在凹模内的工件向上顶出。

2. 冲孔模

冲孔模在结构上与落料模相似,但落料模冲裁的对象是条料或卷料,而冲孔模冲裁的对象是已经落下的块料或其他冲压加工后的半成品。所以冲孔模要解决半成品在模具上如何定位、如何使半成品既方便又安全地放进模具以及冲好后取出等问题。对于冲小孔模,必须考虑凸模的强度、刚度及凸模快速更换结构等;在成形零件侧面冲孔时,必须考虑如何将压力机的上下运动转换成凸模的水平运动等问题。

1)导柱式冲孔模

如图 2-32 所示为在方形零件上冲孔的导柱式倒装冲孔模。凹模 17 装在上模,凸模 11 装在下模,上模下行,在橡胶弹力的作用下,卸料板 13 与凹模先压住条料,上模继续下行完成冲裁分离。上模回程时,橡胶恢复推动卸料板把箍在凸模上的工件卸下,在橡胶 5 弹力的作用下,推件板 15 将凹模中的废料向下推出。由于工件材料厚度较薄,模具采用了弹性卸料装置和弹性推件装置,可保证冲孔零件的平整度,提高零件的成形质量。

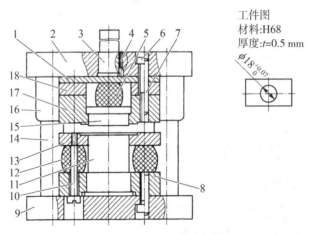

工件图
材料:H68
厚度:$t=0.5$ mm

$\phi 18^{+0.07}_{0}$

1—垫板;2—上模座;3—模柄;4—止转销;5、12—橡胶;6—螺钉;7—圆柱销;8—凸模固定板;
9—下模座;10—卸料螺钉;11—凸模;13—卸料板;14—导柱;15—推件板;16—导套;
17—凹模;18—垫块。

图 2-32 导柱式倒装冲孔模

如图 2-33 所示为在拉深件上冲孔的正装冲孔模。冲件上所有的孔一次全部冲完,是多凸模的单工序冲裁模。由于工件是经过拉深的空心件,且孔边与侧壁距离较近,因此采用工序件口部向上,用定位圈 5 实现外形定位,以保证凹模 4 具有足够的强度。因增加了凸模的长度,在模具设计时,必须注意凸模的强度和稳定性问题。如果孔边与侧壁距离较大,可将工序件口部向下,利用凹模进行内形定位。

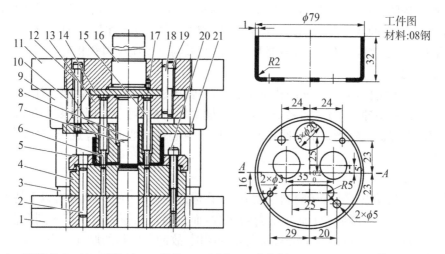

1—下模座;2、18—圆柱销;3—导柱;4—凹模;5—定位圈;6、7、8、15—凸模;9—导套;
10—弹簧;11—上模座;12—卸料螺钉;13—凸模固定板;14—垫板;16—模柄;17—止动销;
19、20—内六角螺钉;21—卸料板。

图 2-33　拉深件冲孔模

工作时首先将工序件置于定位圈,上模下行,卸料板在卸料弹簧的弹力作用下,将工件压紧在凹模的表面。上模继续下行,弹簧被压缩,此时,冲孔凸模和凹模完成冲孔,上模回程上行,卸料板完成卸料,冲孔废料直接从凹模的刃口中漏下。

2) 斜楔式水平冲孔模

如图 2-34 所示为斜楔式水平冲孔模。该模具的特征是依靠斜楔 1 把压力机的垂直运动转换为滑块 4 的水平运动,从而带动凸模 5 在水平方向上运动,完成零件侧壁冲孔,凸模 5 与

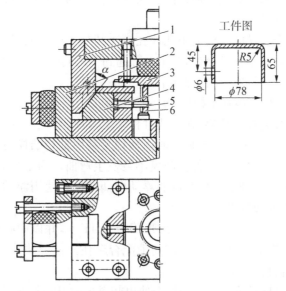

1—斜楔;2—挡块;3—弹簧压板;4—滑块;5—凸模;6—凹模。

图 2-34　斜楔式水平冲孔模

凹模 6 的对准是依靠滑块在导滑槽内滑动来保证。斜楔的工作角度 α 以 40°~45°为宜。40°时斜楔滑块机构的机械效率最高;45°时滑块的移动距离与斜楔的行程相等,运动行程计算方便;当冲孔件需较大冲裁力时,可采用 35°滑块,以增大水平推力;当需要凸模有较大行程时,可采用 60°滑块。为了排除冲孔废料,需要开设漏料孔并与下模座漏料孔相通。滑块的复位依靠橡胶弹簧来完成。

工件采用内形定位,为了保证冲孔位置准确,弹簧压板在冲孔之前就把工件压紧。该模具在压力机一次行程中冲一个孔,如果安装多个斜楔滑块机构,可以同时冲多个孔,孔的相对位置由模具精度来保证。斜楔式水平冲孔模主要用于空心件或弯曲件等成形零件的侧孔、侧槽及侧切口的冲裁。

3) 小孔冲孔模

当冲裁件的孔径小于或等于材料厚度时,该孔称为小孔。小孔冲裁具有以下特点。

(1) 冲裁过程已不再是一个简单的剪切过程,而是通过凸模将材料挤压到凹模孔内的过程。在挤压开始时,冲孔废料有部分被挤向孔的周围,故冲孔废料的厚度会小于原来板厚。由于挤压作用,孔的表面粗糙度较低,且精度较高。

(2) 小孔冲裁对孔边距有一定要求。如果孔边距过小就会引起冲孔的材料向外形胀出,使凸模受到不均匀的横向力,从而产生弯曲甚至折断。当孔边距小于 4 倍孔径时,为了保护凸模,在结构上就需要采取专用的挡板结构来限制工件的变形。

(3) 小孔冲裁时凸、凹模间隙较小,其双面间隙为 $(0.015~0.025)t$。

(4) 小孔冲裁时在冲孔前宜在孔周围施加较大的预压力,这样不但有利于造成挤压的冲裁条件,还可防止冲孔时冲件的移动而使凸模折断。

(5) 卸料是小孔冲裁的一个重要环节,细小凸模往往能承受冲裁力,但却易在卸料时折断。这是因为工件冲孔后由于挤压变形的回弹将凸模咬死,以及工件外轮廓产生变形或孔冲穿后,压力机机身回弹产生的横向力使凸模折断。

小孔冲孔模结构设计的重点是如何提高凸模的强度与刚度,通常可采用全长导向结构保护凸模或采用超短凸模的结构形式。

如图 2-35 所示为全长导向结构的小孔冲孔模。其与一般冲孔模的区别:凸模在工作行程中除了进入被冲材料内的工作部分外,其余全部起到了不间断的导向作用,因而大大提高了凸模的稳定性和强度,该模具的结构特点如下。

(1) 导向精度高。导柱不但在上模座 16 与下模座 1 之间进行导向,而且对弹性卸料板 6 的运动也进行导向。导柱装在上模座,在冲裁过程中上模座、导柱和弹性卸料板一同运动,严格地保持与上、下模座平行装配的卸料板中的活动护套精确地与凸模滑配。当凸模受侧向力时,卸料板通过活动护套承受侧向力,保护凸模不致发生弯曲。为了提高导向精度,模具采用了锥面垫圈、凹球面模柄与凸球面垫块组成的浮动模柄结构。使用浮动模柄时必须保证在冲压过程中,导柱始终不能脱离导套。

(2) 凸模全长导向。扇形块 10 安装在扇形固定板 11 上,并以中心的三个圆弧面夹紧凸模 7,活动凸模护套 9 安装在卸料板上,并以间隙配合套住凸模。冲裁时,凸模由凸模护套全长导向,凸模伸出护套即冲出一孔。

(3) 在所冲孔周围对材料施压。活动护套伸出卸料板,冲压时,卸料板不接触材料。由于活动护套与材料的接触面积较小,冲孔周围材料受到的单位面积上的压力很大,因此冲出孔的

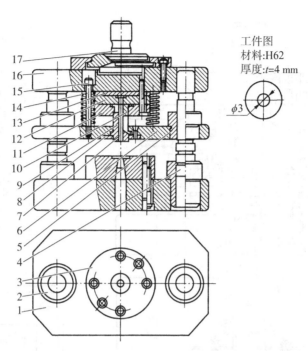

工件图
材料:H62
厚度:t=4 mm

$\phi 3$

1—下模座;2、5—导套;3—凹模;4—导柱;6—弹性卸料板;7—凸模;8—托板;9—凸模护套;
10—扇形块;11—扇形块固定板;12—凸模固定板;13—垫板;14—弹簧;15—卸料螺钉;
16—上模座;17—模柄。

图 2-35　全长导向结构的小孔冲裁模

断面光洁度高。

图 2-36 所示为采用超短凸模结构的小孔冲裁模。模具采用冲击块 4 冲击凸模进行冲裁工作,小凸模由小压板 6 进行导向,而小压板由两个内置小导柱 5 进行导向。工作时上模下行,大压板与小压板先后压紧工件,小凸模上端露出小压板的上平面,上模压缩弹簧继续下行,冲击块冲击小凸模对工件进行冲孔。

2.7.3　多工序冲裁模的典型结构

1. 级进模

级进模又称连续模、跳步模,是指压力机在一次行程中,依次在多个不同位置完成两道或两道以上工序的冲裁模。级进模成形属于工序集中的工艺方法,可将切边、切口、切槽、冲孔、成形、落料等多道工序集中在一副模具上完成。级进模可分为普通级进模和多工位精密级进模。由于用级进模冲压时,冲裁件是在几个不同工位上逐步成形的,因此要保证冲裁件的孔与外形的相对位置精度,就必须严格控制送料步距。根据定距方式不同,级进模主要有用导正销定距和用侧刃定距两种基本结构类型。

1）用导正销定距的级进模

图 3-37 所示为用导正销定距的冲孔落料级进模,冲孔凸模 3 与落料凸模 4 之间的距离就是送料步距 A,送料时由固定挡料销 6 进行粗定位,上模下行,装在落料凸模上的导正销 5插入第一工位冲出的孔中,实现精定位,下模继续下行完成冲孔、落料两个工位的冲裁。落料凸模上安装导正销的孔一般是通孔,方便修磨凸模时导正销的装拆。导正销头部的形状应

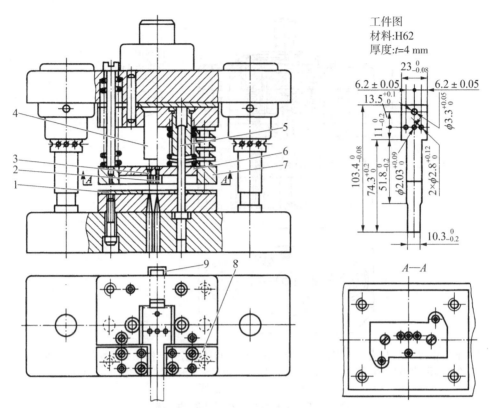

1、8—定位板；2、3—小凸模；4—冲击块；5—小导柱；6—小压板；7—大压板；9—后侧压块。

图2-36　超短凸模结构的小孔冲裁模

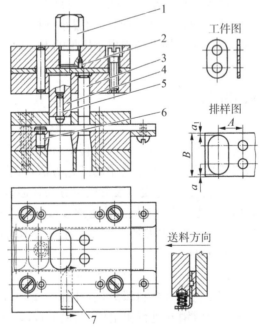

1—模柄；2—紧定螺钉；3—冲孔凸模；4—落料凸模；5—导正销；6—固定挡料销；7—始用挡料销。

图2-37　用导正销定距的冲孔落料连续模

有利于在导正时插入已冲的孔中,且头部直径略小于已冲孔的直径。

为了保证首件的正确定距,在带导正销的级进模中通常采用始用挡料销装置,该装置安装在导板下的导料板中间。在条料冲制首件时,用手推动始用挡料销,使它从导料板中伸出来挡住条料的前端,即可冲第一个工件上的两个孔,以后各次冲裁时就都由固定挡料销控制送料步距作粗定位。

2)用侧刃定距的级进模

图 2-38 所示为侧刃定距的冲孔、落料级进模。其工作原理是在凸模固定板 7 上安装侧刃(特殊功能的凸模)16。侧刃断面的长度等于送料步距。在压力机的每次行程中,侧刃在条料的边缘冲下一块长度等于步距的料边。由于侧刃前后导料板之间的宽度不同,前宽后窄,在导料板上形成一个凸肩,所以只有在侧刃切去一个长度等于步距的料边之后,条料才能再向前送进一个步距。

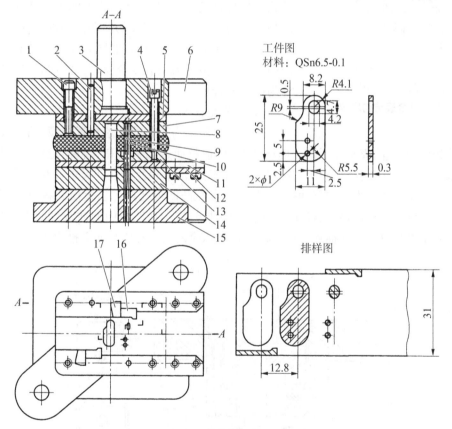

1—螺钉;2—销钉;3—模柄;4—卸料螺钉;5—垫板;6—上模座;7—凸模固定板;8、9、10—凸模;
11—导料板;12—承料板;13—卸料板;14—凹模;15—下模座;16—侧刃;17—侧刃挡块。

图 2-38　侧刃定距的冲孔落料连续模

侧刃的定距可以采用单侧刃,也可以采用双侧刃。当采用单侧刃时,条料冲到最后一件的孔时,条料的狭边被冲完,这时在条料上不再存在凸肩,再次落料时无法再定位,所以末件是废品。若采用错开排列的双侧刃,则可避免条料末端的浪费。在图 2-37 中的第二个侧刃安排在落料工位之后是考虑凹模的强度问题,在使用双侧刃的级进模中,有时也有将左右两个侧刃并排布置,它的目的是使送料时条料不致歪斜,以提高送料精度。

用侧刃定距的级进模具应用不受冲裁件结构限制,操作方便安全,送料速度高,便于实现自动化。它的缺点是模具结构比较复杂,材料有额外的浪费,在一般情况下,它的定位精度比用导正销定距的级进模低。所以有些级进模将侧刃与导正销联合使用,侧刃作粗定位,导正销做精定位,侧刃断面的长度略大于送料步距,使导正销有导正的余地。

2. 复合模

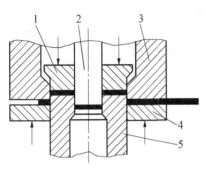

1—推件块;2—冲孔凸模;3—落料凹模;4—卸料板;5—凸凹模。

图 2-39　复合模结构原理

复合冲裁模也是一种多工序模。它是在压力机的一次行程中,在同一位置上同时完成两道或两道以上冲压工序的模具,因此它不存在级进模冲压时的定位误差问题。由于复合冲裁模要在同一位置上完成多道工序,因此其设计难点是如何在同一工作位置合理布置多套凸、凹模。以冲孔落料复合模具为例,其在结构上的主要特征是有一个既是落料凸模又是冲孔凹模的凸凹模零件,如图 2-39 所示。当上下两部分嵌合时,就能同时完成冲孔和落料。将凸凹模装在上模称为正装复合模,反之将凸凹模装在下模称为倒装复合模。

1) 正装复合模

图 2-40 所示为正装冲孔落料复合模,凸凹模装在上模,落料凹模和冲孔凸模装在下模。模具工作时,板料通过挡料销和导料销定位。上模下行,凸凹模 10 外形充当落料凸模和落料凹模 7 进行落料,落下料片卡在凹模中,同时,凸凹模内孔充当冲孔凹模与冲孔凸模 5 进行冲孔,冲孔废料卡在凸凹模孔内。当上模回程时,弹顶器(图中未画出)的反弹力通过带肩顶杆 1 作用于顶件块 6,将卡在凹模中的冲裁件向上顶出,当上模上行至上死点时,打杆 15 推动推杆 9 将卡在凸凹模内的冲孔废料向下推出。

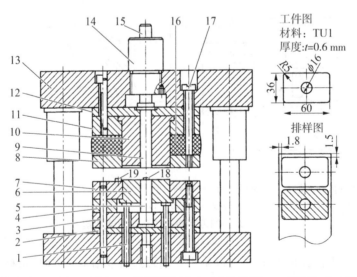

1—带肩顶杆;2、4、12—垫板;3—凸模固定板;5—冲孔凸模;6—顶件块;7—落料凹模;8—卸料板;9—推杆;10—凸凹模;11—凸凹模固定板;13—上模座;14—模柄;15—打杆;16—橡胶;17—卸料螺钉;18—挡料销;19—导料销。

图 2-40　正装冲孔落料复合模

从正装复合模工作过程中可以看出,当正装式复合模工作时,板料是在压紧状态下实现分离的,冲出的冲裁件平直度较高,因此正装复合模比较适用于冲制材质较软或板料较薄的工件。因凸凹模孔内不积存废料,胀力小,不易破裂,正装复合模还可以冲制孔边距离较小的冲裁件。由于冲裁后制件和冲孔废料都落在下模工作面上,清除废料麻烦,尤其孔较多时,影响了生产率。

2) 倒装复合模

图 2-41 所示为倒装冲孔落料复合模。凸凹模 18 装在下模,落料凹模和冲孔凸模装在上模。倒装式复合模通常采用刚性推件装置把卡在凹模中的冲裁件推下,刚性推件装置由打杆 12、推板 11、推件杆 10 和推件块 9 组成。冲孔废料直接从凸凹模内孔推下,无顶件装置,结构简单,操作方便。

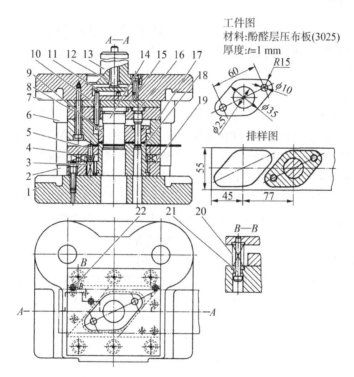

1—下模座;2—导柱;3、20—弹簧;4—卸料板;5—活动挡料销;6—导套;7—上模座;
8—凸模固定板;9—推件块;10—推件杆;11—推板;12—打杆;13—模柄;14、16—冲孔凸模;
15—垫板;17—落料凹模;18—凸凹模;19—固定板;21—卸料螺钉;22—导料销。

图 2-41　倒装冲孔落料复合模

板料通过导料销 22 和活动挡料销 5 定位。非工作行程时,活动挡料销由弹簧顶起,可供定位;工作时,挡料销被压下,上端面与板料平齐,所以在凹模上不必钻相应的让位孔,但这种挡料装置的工作可靠性较差。

采用刚性推件的倒装复合模,板料不是处在被压紧的状态下冲裁,因而冲裁件的平直度不高。这种结构适用于冲裁硬度较高或料厚较大的板料。倒装式复合模不宜冲制孔边距离较小的冲裁件,但其结构简单,废料直接从凸凹模内孔向下排出,取件方便,又可以直接利用压力机的打杆装置进行推件,安全可靠,便于操作,故应用十分广泛。

3）正装、倒装复合模的比较

正装复合模的主要优点是顶件板、卸料板均是弹性的,板料与冲裁件同时受到压平作用,合用于冲制料厚较薄、平直度较高及也边距较小的冲件。

倒装复合模的主要优点是废料能直接从压力机台面落下,冲裁件从上模推下,比较容易引出去,因此操作方便安全。由于倒装复合模易于安装送料装置,生产效率高,所以倒装复合模应用比较广泛。

2.8　模具零部件结构设计与选用

2.8.1　模具零件的分类

冲裁模的类型虽然很多,但任何一副冲裁模都是由上模和下模两个部分组成。上模通过模柄或上模座固定在压力机的滑块上,可随滑块做上下往复运动,是冲模的活动部分;下模通过下模座固定在压力机工作台或垫板上,是冲模的固定部分。根据各零件的功能和特点可将冲裁模的组成零件分为以下几种类型。

（1）工作零件:直接使坯料产生分离或塑性变形的零件(凸模、凹模、凸凹模等)。

（2）定位零件:确定坯料或工序件在冲模中正确位置的零件(挡料销、导料销、侧刃等)。

（3）卸料及压料零件:将箍在凸模上或卡在凹模内的废料或冲裁件卸下、推出或顶出,以保证冲压工作能继续进行的零件(卸料板、卸料螺钉、橡胶、弹簧、打杆、推件块等)。

（4）导向零件:确定上、下模的相对位置并保证运动导向精度的零件(导板、导柱、导套等)。

（5）支承及固定零件:将上述各类零件固定在上、下模上以及将上、下模连接在压力机上的零件,(凸、凹模固定板、垫板、上模座、下模座、模柄等)。

（6）紧固零件:将各类零件固连成一体(螺钉、销钉)。

上述冲模零件,一般把工作零件、定位零件、卸料和压料零件统称为工艺零件,而把导向零件、支承及固定零件和紧固件称为辅助零件,模具零件分类如图2-42所示。掌握了各部分冲

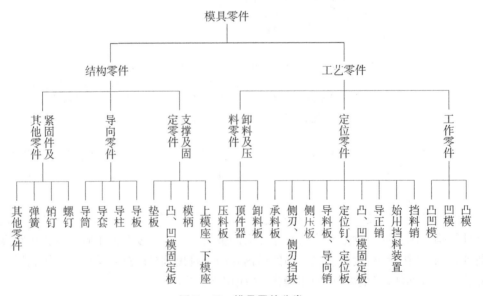

图2-42　模具零件分类

模零件的特点及应用,才能较快地掌握冲模结构的作用和原理。

2.8.2 模具工作零件

1. 凸模

1) 凸模的结构形式及固定方法

凸模的结构形式是由冲裁件的形状、尺寸、冲模的加工工艺以及装配工艺等决定的。按结构分,有整体式(包含阶梯式、直通式)、镶拼式和护套式等;按截面形状分,有圆形和非圆形;按刃口形式分,有平刃和斜刃等。凸模的固定方法有台肩固定、铆接固定、螺栓和销钉固定、黏结剂浇注法固定等。下面分别介绍圆形凸模、非圆形凸模和小孔凸模的结构和固定方法。

(1) 圆形凸模。

圆形凸模已经标准化,为保证凸模的强度、刚度及便于凸模的加工与安装,常将凸模设计成阶梯形,图 2-43 所示为圆形凸模常见的三种结构形式。前端直径 d 为凸模的工作部分;中间直径 D 为安装部分,与凸模固定板按过渡配合(H7/m6 或 H7/n6)制造;尾部台肩用于定位,防止凸模被拉出。图 2-43(a)用于较大直径的凸模,图 2-43(b)用于较小直径的凸模。图 2-43(c)是快换式小凸模,由紧定螺栓侧压固定,便于凸模维修、更换。

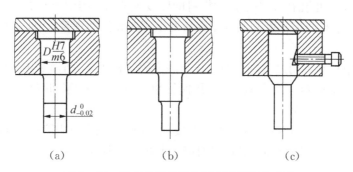

(a)　　　　　　(b)　　　　　　(c)

图 2-43　圆形凸模的结构形式及其固定方法

(2) 非圆形凸模。

非圆形凸模如图 2-44 所示,其结构形式一般有阶梯式和直通式。非圆形凸模如果采用阶梯式结构,其固定部分应尽量简化为圆形等简单的几何截面。

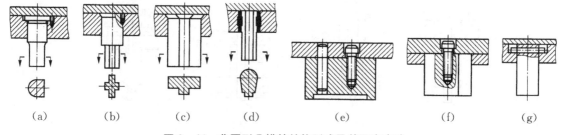

(a)　　　(b)　　　(c)　　　(d)　　　(e)　　　(f)　　　(g)

图 2-44　非圆形凸模的结构形式及其固定方法

图 2-44(a)所示为阶梯式凸模台肩固定。为了便于加工和装配,非圆形凸模的安装部分尽量做成形状简单的圆形等几何截面,为了防止安装部分与固定部分之间发生相对转动,必须在固定端的接缝处加止转销或止转螺钉。

图 2-44(b)和图 2-44(c)所示分别为阶梯式凸模铆接固定和直通式凸模铆接固定。以铆接法固定时,凸模与凸模固定板按过渡配合(H7/m6 或 H7/n6)制造,安装孔上端周边要制成(1.5~2.5)×45°的斜角,作为铆窝。铆接时一般用手锤击打凸模固定端头部,因此头部必须限定淬火长度,或整体淬火后对头部进行局部回火,以便于头部材料保持较低硬度。铆接后还需和固定板一起将头部磨平。

图 2-44(d)所示为直通式凸模黏结固定。采用黏结法固定时固定板安装孔尺寸应比凸模稍大,留出一定的间隙以便填充黏结剂。为了黏结牢靠,应在凸模的固定端或固定板相应的孔上开设一定的型槽,常用的黏结剂有低熔点合金、环氧树脂和无机黏结剂等。黏结固定常用于小凸模,也可用于凹模、导柱和导套的固定。

图 2-44(e)所示为大型、中型凸模直接固定,其结构有整体式和镶拼式两种。为了减小磨削面积,可将刃口断面加工成凹坑形式,直接用螺钉、销钉固定。

图 2-44(f)所示为直通式凸模螺钉吊装固定。其适用于截面尺寸较大的场合。

图 2-44(g)所示为直通式凸模横销吊装固定。其特点是在凸模上端开孔,插入圆销以承受卸料力,易于更换。

(3)小孔凸模。

所谓小孔,一般是指孔径 d 小于被冲板料的厚度或直径小于 1 mm 的圆孔或截面积小于 1 mm^2 的异形孔。小孔凸模强度和刚度差容易发生弯曲和折断现象,因此必须采取措施,以提高其强度和刚度。

图 2-45(a)中护套 1 用过盈配合的方式与凸模固定板固定,凸模 2 用铆接固定。

图 2-45(b)所示护套采用台肩固定,凸模很短,上端有一个锥形台,以防卸料时拔出凸模,冲裁时,凸模依靠芯轴受压力。

图 2-45(c)所示护套固定在导板(或卸料板)上,护套与导板采用间隙配合,工作时护套始终在导板内上下滑动而不脱离,起内置小导柱作用,可有效地避免卸料板的摆动和凸模工作端的弯曲。

图 2-45(d)所示是一种比较完善的凸模护套,三个等分扇形块 6 固定在固定板中,具有三个等分扇形槽的护套 1 固定在导板 4 中,可在扇形块 6 中自由滑动,因此可使凸模在任意位置均处于三向导向与保护之中。但其结构比较复杂,制造比较困难。

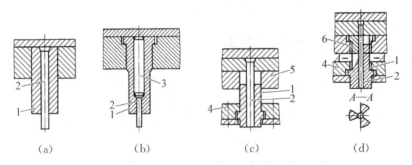

1—护套;2—凸模;3—芯轴;4—导板;5—上模导板;6—扇形块。

图 2-45　小孔凸模保护与导向结构

(4)快换凸模。

快换凸模的固定方法有紧定螺钉钢球固定、弹簧钢球固定、紧定螺钉固定、螺纹固定等。

对于大型冲模中冲较小孔的易损凸模,可以采用快换凸模的固定方法,进行修理和更换,如图 2-46 所示。

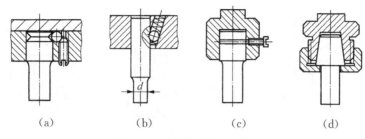

图 2-46 快换凸模固定方法
(a)紧定螺钉钢球固定;(b)弹簧钢球固定;(c)紧定螺钉固定;(d)螺纹连接固定

2) 凸模长度计算

凸模长度应根据模具的具体结构,并考虑凸模修磨、固定板与卸料板之间的安全距离和装配等需要来确定。

（1）图 2-47(a)所示采用固定卸料板和导料板时,凸模长度计算公式为

$$L = h_1 + h_2 + h_3 + A \tag{2-37}$$

（2）图 2-47(b)所示采用弹性卸料板时,凸模长度计算公式为

$$L = h_1 + h_2 + t + A \tag{2-38}$$

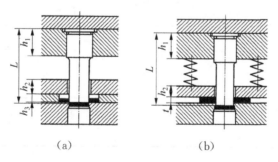

图 2-47 凸模长度的确定
(a)固定卸料板和导料;(b)弹压卸料板

式中,h_1 为凸模固定板的厚度,mm;h_2 为卸料板的厚度,mm;h_3 为导料板的厚度,mm;t 为板料厚度,mm;A 为附加长度,包括凸模刃口的修磨量,凸模进入凹模的深度(0.5~1 mm),凸模固定板与卸料板之间的安全距离(15~20 mm)。

2. 凹模

1) 凹模刃口结构形式

凹模刃口结构如图 2-48 所示,有直筒式刃口和锥形刃口两种结构。图 2-48(a)、图 2-48(b)和图 2-48(c)所示为直筒式刃口,其特点是刃口强度较高,修磨后刃口尺寸不变,但孔口容易积存工件或废料,推件力大且磨损大,严重时使凹模胀裂。适用于形状复杂或精度要求较高工件的冲裁。图 2-48(d)和图 2-48(e)所示均为锥形刃口,其特点是冲裁件或废料容易通过,凹

模磨损后的修磨量较小,但刃口强度较低,刃口尺寸在修磨后略有增大。适用于形状简单,精度要求不高,材料厚度较薄工件的冲裁。上述两种凹模刃口形式的主要参数如表 2－18 所示。

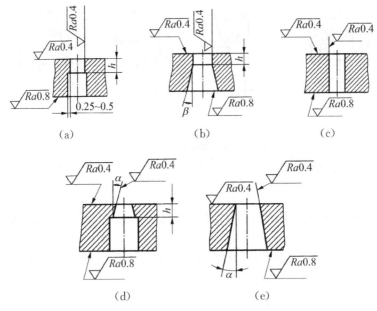

图 2－48   凹模刃口形状

表 2－18   凹模刃口的主要参数

板料厚度 t/mm	α	β	h/mm
≤0.5			≥4
0.5～1	15′	2°	≥5
1～2.5			≥6
2.5～6	30′	3°	≥8
>6			≥10

2）凹模外形尺寸

凹模的外形尺寸应保证凹模有足够的强度与刚度。凹模的厚度还应考虑修磨量。凹模的外形尺寸一般是根据冲材的板料厚度和冲裁件的最大外形尺寸来确定,如图 2－49 所示。

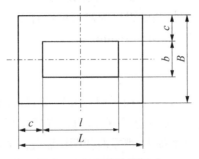

图 2－49   凹模外形尺寸

（1）凹模的厚度 H 计算公式为

$$H = Kb (\geqslant 15\ \text{mm}) \tag{2-39}$$

式中，K 为厚度系数，考虑板料厚度的影响，如表 2-19 所示；b 为凹模刃口的最大尺寸。

表 2-19　厚度系数 K 值

凹模刃口最大尺寸 b/mm	厚度系数 K				
	材料厚度 t/mm				
	0.5	1	2	3	>3
≤50	0.3	0.35	0.42	0.5	0.6
50~100	0.2	0.22	0.28	0.35	0.42
1~2.5	0.15	0.18	0.2	0.24	0.3
>200	0.1	0.12	0.15	0.18	0.22

（2）凹模轮廓尺寸。

凹模壁厚 c 是指凹模刃口与外边缘的距离，小凹模取 $c = (1.5 \sim 2)H$，大凹模取 $c = (2 \sim 3)H$。设计凹模壁厚主要考虑布置螺孔与销孔的需要，同时也要保证凹模的强度和刚度，最小凹模壁厚的范围如表 2-20 所示。

表 2-20　最小凹模壁厚　　　　　　　　（单位：mm）

条料宽度 B	凹模壁厚 c			
	$t \leqslant 0.8$	$t = 0.8 \sim 1.5$	$t = 1.5 \sim 3$	$t = 3 \sim 5$
≤40	20~25	22~28	24~32	28~36
40~50	22~28	24~32	28~36	30~40
50~70	28~36	30~40	32~42	35~45
70~90	32~42	35~45	38~48	40~52
90~120	35~45	40~52	42~54	45~58
120~150	40~50	42~54	45~58	48~62

由此可得凹模外形尺寸为

$$L = l + 2c \tag{2-40}$$

$$B = b + 2c \tag{2-41}$$

3）凹模的固定方法

图 2-50(a) 和图 2-50(b) 所示为标准中的两种圆形凹模及其固定方法。这两种圆形凹模尺寸都不大，直接装在凹模固定板中，主要用于冲孔。

图 2-50(c) 所示为整体式凹模采用螺钉和销钉直接固定在模座上，凹模板的轮廓尺寸已经标准化，它与标准固定板、垫板和模座等配合使用，设计时可根据凹模外形尺寸选用。

图 2-50(d) 所示为快换冲孔凹模的固定方法。当凹模刃口磨损超差时，可以松开紧定

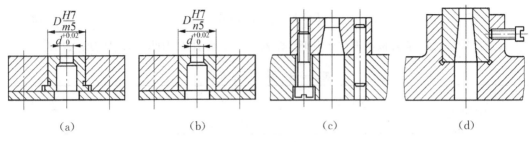

图 2-50   凹模的固定方法

螺钉,取出凹模,方便凹模的更换和维修。

凹模采用螺钉和销钉固定在模座上,要保证螺孔间、螺孔与销孔间以及螺孔或销孔与凹模刃口间的距离不能太近,否则会影响模具寿命。一般螺孔与销孔间、螺孔或销孔与凹模刃口间的距离要大于两倍孔径值,其最小许用值如表 2-21 所示。

表 2-21   螺孔与销孔间及其至凹模刃口间的最小距离   (单位:mm)

简图		销孔 螺孔 / 刃口 B C / 销孔 D D						
螺钉孔		M6	M8	M10	M12	M16	M20	M24
A	淬火	10	12	14	16	20	25	30
A	不淬火	8	10	11	13	16	20	25
B	淬火	12	14	17	19	24	28	35
C	淬火	5						
C	不淬火	3						
销钉孔		$\phi 4$	$\phi 6$	$\phi 8$	$\phi 10$	$\phi 12$	$\phi 16$	$\phi 20$
D	淬火	7	9	11	12	15	16	20
D	不淬火	4	6	7	8	10	13	16

3. 凸凹模

在复合模中,必定有一个凸凹模,其内外缘均为刃口,凸凹模的最小壁厚与冲裁件的尺寸及冲模结构有关,对于正装复合模、由于凸凹模装于上模,孔内不会积存废料,胀力小,最小壁厚可以小些;对于倒装复合模,废料从漏料孔向下排出,孔内会积存废料,胀力大,所以最小壁厚要大些。倒装复合模最小壁厚如表 2-22 所示。

表 2-22　倒装复合模最小壁厚　　　　　　　　　　　　　　　（单位：mm）

简图											
材料厚度 t	0.4	0.6	0.8	1	1.2	1.4	1.6	1.8	2.0	2.2	2.5
最小壁厚 c	1.4	1.8	2.3	2.7	3.2	3.6	4.0	4.4	4.9	5.2	5.8
材料厚度 t	2.8	3.0	3.2	3.5	3.8	4.0	4.2	4.4	4.6	4.8	5.0
最小壁厚 c	6.4	6.7	7.1	7.6	8.1	8.5	8.8	9.1	9.4	9.7	10

4. 凸、凹模常用材料

凸凹模材料的选择与冲裁零件的形状、材料厚度及生产批量有关。凸凹模材料及硬度可根据表 2-23 进行选择。

表 2-23　冲裁模凸、凹模材料及硬度

冲件与冲压工艺情况	材料	硬度	
		凸模	凹模
形状简单，精度较低，材料厚度小于或等于 3 mm，中小批量	T8A、9Mn2V	56～60 HRC	58～62 HRC
形状复杂，材料厚度小于或等于 3 mm；材料厚度大于 3 mm	9SiCr、CrWMn、Cr 12、Cr12MoV、W6Mo5Cr4V2	58～62 HRC	60～64 HRC
大批量	Cr12MoV、Cr4W2MoV	58～62 HRC	60～64 HRC
	YG15、YG20	≥86 HRC	≥84 HRC
	超细硬质合金		

2.8.3　定位零件

定位零件的作用是使坯料或工序件在模具上相对凸、凹模有正确的位置。定位零件的结构形式有很多，用于对条料进行定位的定位零件有挡料销、导料销、导料板、导正销、侧压装置、侧刀等，用于对工序件进行定位的零件有定位板、定位销等。

定位零件基本上都已标准化，可根据坯料或工序件的形状、尺寸、精度及模具的结构形式与生产率要求等选用相应的标准。

1. 挡料销

挡料销用于挡住条料搭边或冲压件轮廓以限定条料送进的步距。根据挡料销的工作特点及作用可将其分为固定挡料销、活动挡料销和始用挡料销。

1）固定挡料销

固定挡料销一般装在下模，分圆形与钩形两种。圆形挡料销如图 2-51(a) 所示，结构简单,制造容易,但销孔离凹模刃口较近,会削弱凹模的强度。钩形挡料销如图2-51(b)所示,销孔离凹模刃口要远一些,不会削弱凹模强度,为了防止钩头在使用中发生转动,需采用防转装置。

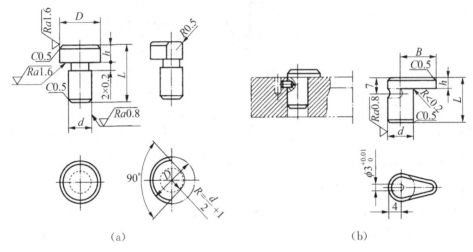

图2-51　固定挡料销
(a)圆形;(b)钩形

2)活动挡料销

当凹模安装在上模,挡料销只能设计在下模的卸料板上,如采用固定挡料销则凹模应在相应位置上开设让位孔,这样就会削弱凹模的强度,故可改用活动挡料销。

图2-52(a)为弹簧式活动挡料装置,图2-52(b)为扭簧式活动挡料装置,图2-52(c)为橡胶式活动挡料装置。图2-52(d)为回带式活动挡料装置,挡料销对着送料方向带有斜面,送料时搭边碰撞斜面使挡料销抬起并越过搭边,然后将条料后拉,挡料销便挡住搭边而定位,即每次送料都有先推后拉的两个方向相反动作。回带式活动挡料销常用于具有固定卸料板或导板的模具上。

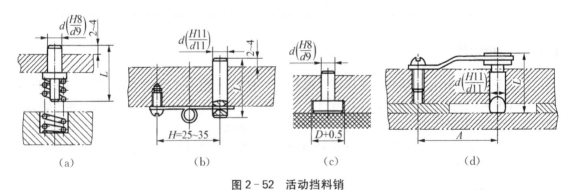

图2-52　活动挡料销
(a)弹簧式;(b)扭簧式;(c)橡胶式;(d)回带式

3)始用挡料销

始用挡料销如图2-53所示,一般用于连续模首次冲压条料时使用,使用时用手往里压,挡住条料而定位,以后送进时不再起作用。采用始用挡料销的目的是提高材料利用率。

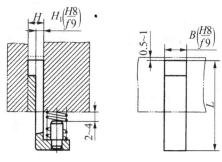

图 2-53 始用挡料销

2. 导料销

导料销的作用是保证条料沿正确的方向送进。导料销一般设两个,且均位于条料的同一侧,条料从右向左送进时位于后侧,从前向后送进时位于左侧。导料销可设在凹模面上(一般为固定式的),也可设在弹压卸料板上(一般为活动式的)。导料销的结构与挡料销基本相同,可从标准中选择。

3. 导料板与侧压装置

导料板的作用与导料销相同,但采用导料板导向时操作更加方便。在采用导板导向或固定卸料板的冲模中必须用导料板导向。从右向左送料时,与条料相靠的基准导料板装在后侧,从前向后送料时,基准导料板装在左侧。导料板有两种结构,图 2-54(a)所示导料板与导板或固定卸料板分开制造;图 2-54(b)所示导料板与导板或固定卸料板制成整体的结构。为使条料沿导料板顺利通过,两导料板之间的距离应等于条料宽度加上一个间隙值(见排样及条料宽度的计算)。

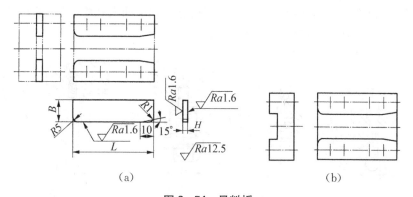

(a)   (b)

图 2-54 导料板

为保证条料紧靠基准导料板一侧正确送进,可采用侧压装置。图 2-55(a)所示为弹簧压块式侧压装置,其侧压力较大,可用于冲裁厚料。图 2-55(b)所示为簧片压块式侧压装置,其应用与图 2-55(c)所示的簧片式侧压装置相似,侧压力较小,常用于料厚小于 1 mm 的薄料冲裁,一般设置 2 或 3 个簧片。图 2-55(d)所示为弹簧压板式侧压装置,其侧压力大而且均匀,使用可靠,一般装于进料端,常用于用侧刃定距的级进模中。

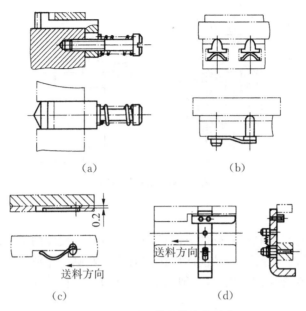

图 2-55　侧压装置的结构形式

（a）弹簧压块式侧压装置；（b）簧片压块式侧压装置；（c）簧片式侧压装置；（d）弹簧压板式侧压装置

4. 导正销

导正销的作用是消除送料时用挡料销、导料板（或导料销）等定位零件做粗定位时的定位误差，起精定位的作用。导正销主要用于级进模，也可用于单工序模。导正销通常设置在落料凸模上，与挡料销配合使用，也可与侧刀配合使用。

如图 2-56 所示为常用的导正销结构，它由导入和定位两部分组成。导入部分一般用圆弧或圆锥过渡，定位部分为圆柱面。为保证导正销能顺利地插入孔中，导正销直径的基本尺寸应比冲孔凸模直径小，其值可在设计手册中查取。

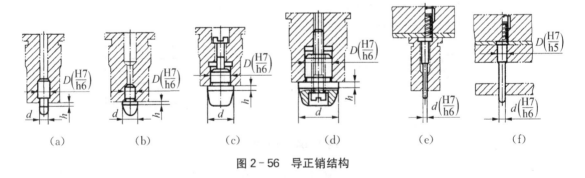

图 2-56　导正销结构

图 2-56(a)、图 2-56(b)、图 2-56(c) 和图 2-56(d) 所示为固定导正销。图 2-56(a) 所示结构用于导正 $d < 6$ mm 的孔，图 2-56(b) 所示结构用于导正 $d < 10$ mm 的孔，图 2-56(c) 所示结构用于导正 $d = 10 \sim 30$ mm 的孔，图 2-56(d) 所示结构用于导正 $d = 20 \sim 50$ mm 的孔。固定导正销安装在凸模上，与凸模之间不能相对滑动，送料失误时易发生事故。

图 2-56(e) 和图 2-56(f) 所示为活动导正销，用于多工位级进模中，一般用于导正 $d \leqslant$

10 mm 的孔。活动导正销装于凸模或固定板上,与凸模之间能相对滑动,送料失误时导正销因压缩弹簧而缩回,可避免事故的发生。

导正销的基本尺寸为

$$d = d_{\mathrm{T}} - c \tag{2-42}$$

式中,d 为导正销直径,mm;d_{T} 为冲孔凸模尺寸,mm;c 为导正销与冲孔凸模的直径差值,如表 2-24 所示,mm。

表 2-24　导正销与冲孔凸模的直径差值 c

板料厚度 t/mm	冲孔凸模的直径 d_{T}/mm						
	1.5~6	6~10	10~16	16~24	24~32	32~42	42~60
<1.5	0.04	0.06	0.06	0.08	0.09	0.10	0.12
1.5~3	0.05	0.07	0.08	0.10	0.12	0.14	0.16
>3~5	0.06	0.08	0.10	0.12	0.16	0.18	0.20

导正销导正部分的直径可按公差 h6~h9 制造,导正销部分的高度 h 在设计时一般可取 $(0.5~0.8)t$,具体参考表 2-25。

表 2-25　导正销圆柱面高度 h

板料厚度 t/mm	冲裁件孔直径 d/mm		
	1.5~10	10~25	25~50
<1.5	1	1.2	1.5
1.5~3.0	$0.6t$	$0.8t$	$1.0t$
3.0~5.0	$0.5t$	$0.6t$	$0.8t$

级进模采用挡料销初定位,导正销精定位时,挡料销的安装位置应该保证导正销在导正条料的过程中条料有被前推或后拉少许的可能,其相互位置关系如图 2-57 所示。

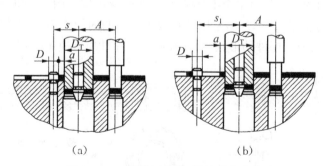

图 2-57　挡料销与导正销的位置关系

按图 2-57(a)所示的方式定位,挡料销与导正销的距离为

$$s = A - D_T/2 + D/2 + 0.1 \tag{2-43}$$

按图 2-57(b)所示的方式定位,挡料销与导正销的距离为

$$s_1 = A + D_T/2 - D/2 - 0.1 \tag{2-44}$$

式中,A 为送料步距,mm;D_T 为落料凸模直径,mm;D 为挡料销圆柱面直径,mm。

5. 侧刃

在级进模中,为了限定条料送进距离,在条料侧边冲切出一定尺寸缺口的凸模称为侧刃。图 2-58(a)所示为矩形侧刃,其结构与制造较简单,但当刃口尖角磨损后,在条料被冲去的一边会产生毛刺,如图 2-58(a)所示,影响条料正常送进。图 2-58(b)所示为成形侧刃,产生的毛刺位于条料边的凹进处,所以不会影响送料,但侧刃制造难度增加,冲裁废料也增多。

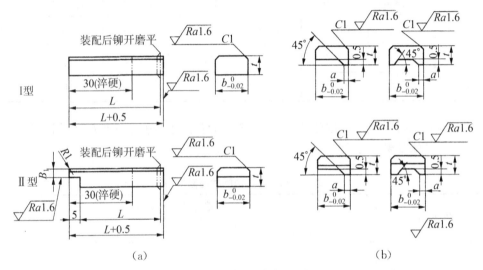

图 2-58　侧刃标准结构
(a)矩形侧刃;(b)成形侧刃

侧刃的数量可以是一个,也可以是两个。两个侧刃可以用两侧对称或两侧对角布置,前者用于提高冲裁件的精度或直接形成冲裁件的外形,后者可以保证料尾的充分利用。

6. 定位板和定位销

定位板和定位销的作用是对单个毛坯或工序件进行定位。图 2-59(a)是以坯料或工序件的外缘作为定位基准,图 2-59(b)是以坯料或工序件的内缘作为定位基准。具体选择哪种定位方式,应根据坯料或工序件的形状、尺寸和冲压工序性质等决定。定位板的厚度或定位销

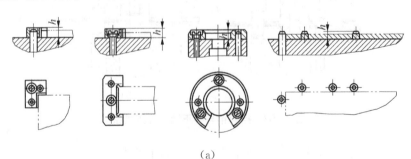

(a)

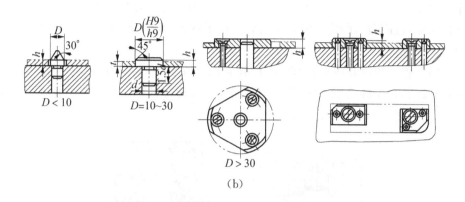

图 2-59　定位板和定位销的结构形式

的定位高度应比坯料或工序件厚度大 1~2 mm。

2.8.4　卸料与出件装置

卸料与出件装置包括卸料、推件与顶件等装置,其作用是当冲裁模完成一次冲压之后,把制件或废料从模具工作零件上卸下来,以便冲压工作继续进行。通常把冲压件或废料从凸模上卸下来称为卸料,把冲压件或废料从凹模中卸下来称为出件,顶出凹模称为顶件,推出凹模称为推件。

1. 卸料装置

卸料装置的结构形式有刚性(固定)卸料装置、弹性卸料装置和废料切刀卸料装置等。

1)刚性卸料装置

刚性卸料装置常用固定卸料板进行卸料,常用于较硬、较厚且精度要求不高的工件冲裁后卸料,特点是结构简单,卸料力大。

图 2-60(a)所示为卸料板与导料板组合为一体的整体式卸料装置,用于平板冲裁件的卸料;图 2-60(b)所示为卸料板与导料板分开的组合式卸料装置,在冲裁模中应用最广泛,也用于平板冲裁的卸料;图 2-60(c)是用于窄长零件的冲孔或切口卸件的悬臂式卸料装置;图 2-60(d)所示是在冲底孔时用来卸空心件或弯曲件的拱形卸料装置,一般用于成形后的工序件的冲裁卸料。

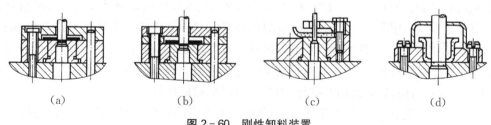

| (a) | (b) | (c) | (d) |

图 2-60　刚性卸料装置

卸料板的平面外形尺寸一般与凹模板相同,其厚度可取凹模厚度的 $80\%\sim100\%$,当固定卸料装置仅起卸料作用时凸模与固定卸料板的单面间隙取$(0.2 \sim 0.5)t$。当固定卸料装置兼起导板作用时,凸模与导板之间一般按 $H7/h6$ 配合,但应保证导板与凸模的间隙小于凸凹模之间的冲裁间隙,且卸料后凸模不能完全脱离卸料板,以保证凸、凹模的正确配合。

　　2) 弹性卸料装置

　　弹性卸料装置一般由卸料板、弹性元件(弹簧或橡胶)和卸料螺钉等组成,结构如图 2-61 所示。它具有卸料和压料的双重作用,主要用于较软、较薄且精度要求较高的工件冲裁后卸料,由于有压料作用,冲裁件比较平整。

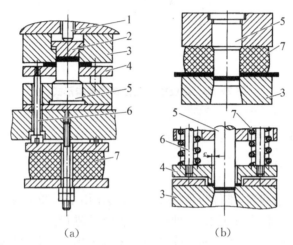

1—推杆;2—推件块;3—凹模;4—卸料板;5—凸模;6—卸料螺钉;7—弹性元件。

图 2-61　弹性卸料装置

　　弹性卸料板的平面外形尺寸等于或稍大于凹模板尺寸,其厚度可取凹模厚度的 $60\% \sim 80\%$,弹性卸料板与凸模间单面配合间隙取$(0.1 \sim 0.2)t$,若弹性卸料板对凸模起导向作用,卸料板和凸模可按 $H7/h6$ 配合,但二者的配合间隙应小于冲裁间隙。

　　2. 出件装置

　　出件装置的作用是从凹模内卸下冲压件或废料。通常把装在上模内的出件装置称为推件装置,把装在下模内的出件装置称为顶件装置。推件装置与顶件装置有刚性和弹性两种结构。

　　1) 推件装置

　　图 2-62 所示为刚性推件装置,它是在冲压结束上模回程时,利用压力机滑块上的横杆撞击模柄内的打杆,再将推力传至推件块,从而将凹模内的冲压件或废料推出的。当模柄中心位置有冲孔凸模时,使用图 2-62(a)所示的结构,推件力是由压力机的横杆通过打杆 1、推板 2、推杆 3 传递给推件块 4,推件力大且可靠。推杆一般需要 2~4 根,且长短一致,分布均匀。图 2-63 所示为常用推板形式,设计时可根据实际需要选用。当模柄中心位置无冲孔凸模时,用图 2-62(b)所示结构,省去推板和推杆,由打杆直接推动推件块。

　　图 2-64 所示为弹性推件装置,它是以安装在上模内的弹性元件的弹力来推动推件块运动,可使板料处于压紧状态下分离,因此冲压件平直度高。由于采用弹性元件,故推件力较小,但推件力均匀,出件平稳,多用于冲压薄板大件以及工件平整度要求较高的模具。

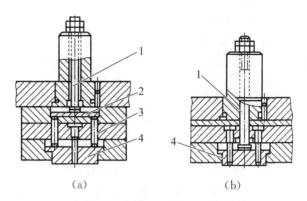

1—打杆；2—推板；3—推杆；4—推件块。

图 2-62　刚性推件装置

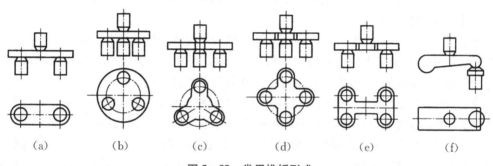

图 2-63　常用推板形式

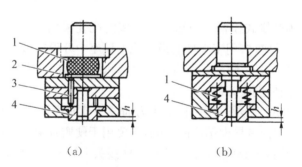

1—弹簧；2—推板；3—推杆；4—推件块。

图 2-64　弹性推件装置

2）顶件装置

顶件装置一般是有弹性的，它由顶杆、顶件块和装在下模的弹顶器组成，如图 2-65（a）所示。弹顶器可以做成通用的，其弹性元件是弹簧或橡胶，这种结构的顶件力容易调节，工作可靠，冲件平直度较高。图 2-65（b）所示为直接在顶件块下方安装弹簧，可用于顶件力不大的场合。

2.8.5　连接件与紧固件

模具的连接件与紧固件主要有模柄、固定板、垫板、螺栓、销等，这些零件大多已经标准化。

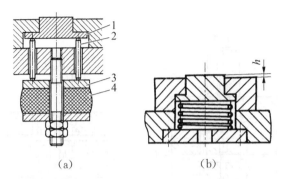

1—顶件块；2—顶杆；3—托板；4—橡胶弹簧。

图 2-65　弹性顶件装置

1. 模柄

中小型模具的上模都是通过模柄固定在压力机滑块上的。对于大型模具则可用螺钉、压板直接将上模座固定在滑块上。

模柄有刚性与浮动两大类。刚性模柄是指模柄与上模座是刚性连接，不能发生相对运动；浮动模柄是指模柄相对于上模座能做微小角度的摆动。采用浮动模柄后，压力机滑块的运动误差不会影响上、下模的导向，但冲压过程中导柱与导套不能脱离。

图 2-66(a)所示为旋入式模柄。通过螺纹与上模座连接，并加止转螺钉防松。这种模具拆装方便，但模柄轴线与上模座的垂直度较差，多用于有导柱的中、小型冲模。

图 2-66(b)所示为压入式模柄。模柄与上模座孔采用 $H7/m6$ 的过渡配合，并加骑缝销用于防止模柄转动，这种模柄可较好地保证轴线与上模座的垂直度、适用于各种中、小型冲模，生产中最为常见。

图 2-66(c)所示为凸缘式模柄。凸缘与上模座的沉孔采用 $H7/js6$ 过渡配合，用 3 或 4 个内六角螺钉紧固于上模座，多用于大型的模具或上模座中开设推板孔的中、小型模具。

图 2-66(d)和图 2-69(e)所示分别为通用模柄和槽形模柄。模柄直接固定凸模，主要用于结构简单的模具中，凸模更换方便。

浮动模柄如图 2-66(f)所示。压力机的压力通过凹球面模柄和凸球面垫块传递到上模，以消除压力机导向误差对模具导向精度的影响，主要用于硬质合金模等精密导柱模。

推入式活动模柄如图 2-66(g)所示。活动模柄接头 1 与固定模柄 3 之间加一凹球面垫块 2，使模柄与上模座采用浮动连接，避免了压力机滑块由于导向精度不高对模具导向装置的不利影响，使用时导柱导套不宜分开，主要用于精密模具上。

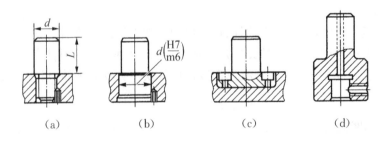

(a)　　　　　　(b)　　　　　　(c)　　　　　　(d)

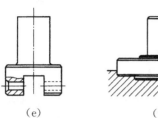
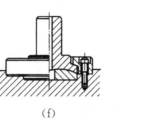
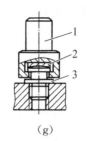

1—活动模柄接头;2—凹
球面垫块;3—固定模柄。

图 2-66 模柄类型

(a)旋入式模柄;(b)压入式模柄;(c)凸缘式模柄;(d)通用式模柄;(e)槽形模柄;(f)浮动模柄;(g)推入式模柄

模柄的选用首先应根据模具的大小及零件精度等方面的要求确定模柄的类型,然后根据所选压力机的模柄孔尺寸来确定模柄的规格。模柄直径可取与压力机滑块模柄孔径相同,采用 H11/d11 的间隙配合,模柄长度应小于模柄孔深度 5~10 mm。

2. 凸模固定板

凸模固定板的作用是将凸模或凸凹模固定在上模座或下模座的正确位置上。凸模固定板为矩形或圆形板件,外形尺寸通常与凹模一致,厚度一般取凹模厚度的 60%~80%。固定板与凸模或凸凹模采用过渡配合(H7/n6 或 H7/m6)。

3. 垫板

垫板装在固定板与上模座或下模座之间,它的作用是防止冲裁时凸模压坏模座。垫板的外形尺寸与凸模固定板相同,厚度可取了 3~10 mm。垫板材料一般可选用 45 钢,热处理硬度取 43~48HRC。对单位压力特别大的则选用 T8A,热处理硬度取 52~55HRC。对于大型凸模当头部端面对模座单位面积上的压力小于模座材料的许用应力时可省略垫板。

4. 紧固件

紧固件包括各种螺钉和销钉,螺钉起连接、固定作用,销钉起定位作用,在设计时主要是确定其规格和固定位置。

螺钉和销钉都是标准件,可以根据实际需要选用。螺钉最好选用内六角的,其紧固可靠,头部不外露,并且外形尺寸小。销钉一般采用圆柱销。

模具设计时,螺钉和销钉的选用应注意以下几点。

(1)同一组合中,螺钉的数量一般不少于 3 个(对于中小型冲模,被连接件为圆形时用 3~6 个,被连接件为矩形时用 4~8 个),并尽量沿被连接件的外缘均匀布置。销钉的数量一般为 2,且尽量远距离错开布置,以保证定位可靠。

(2)螺钉和销钉的规格应根据冲压力大小和凹模厚度等条件确定。螺钉规格的选用如表 2-26 所示,销钉的公称直径可取与螺钉公称直径相同或比螺钉公称直径小一个规格。螺钉的旋入深度和销钉的配合深度都不能太浅,也不能太深,一般可取其公称直径的 1.5~2 倍。

表 2-26 螺钉规格的选用

凹模厚度	≤13	13~19	19~25	25~32	>32
螺钉规格	M4、M5	M5、M6	M6、M8	M8、M10	M10、M12

（3）各被连接件的销孔应配合加工，以保证位置精度。销钉与销孔之间采用过渡配合（H7/m6 或 H7/n6）。

2.8.6　模架及其零件

1. 模架

模架是由上模座、下模座、模柄及导向装置（最常用的是导柱、导套）等组成。

模架是整副模具的骨架，模具的全部零件都固定在它的上面，并且承受冲压过程中的全部载荷，模架的上模座通过模柄与压力机滑块相连，下模座用螺钉和压板固定在压力机工作台面上。上、下模之间靠模架的导向装置来保持其精确位置，以引导凸模的运动，保证冲裁过程中间隙均匀。

常用的模架有滑动导向模架和滚动导向模，国家标准 GB/T 2851—2008《冲模滑动导向模架》和 GB/T 2852—2008《冲模滚动导向模架》列出了各种不同结构和不同导向形式的标准模架。

1）滑动导向模架

（1）后侧导柱模架。如图 2-67(a)和图 2-67(b)所示为后侧导柱模架，图 2-67(b)为窄形。后侧导柱模架的特点是导向装置在后侧，横向和纵向送料都比较方便，但如有偏心载荷，压力机导向又不精确，就会造成上模偏斜，导向零件和凸模、凹模都易磨损，从而影响模具使用寿命，一般用于较小的冲模。

（2）对角导柱模架。图 2-67(c)所示为对角导柱模架，两个导柱相对中心对称布置，上下模运动平稳，导向精度较高，且纵横都能送料。从安全角度考虑，在操作者右手一边的那个导柱应设置在后面。

（3）中间导柱模架。图 2-67(d)和图 2-67(e)所示为中间导柱模架，图 2-67(e)用于圆形制件的模具中。中间导柱模架两个导柱左右对称分布，受力均衡，所以导柱、导套磨损均匀，导向精度较高，但是只能沿前后方向送料。

（4）四角导柱模架。图 2-67(f)为四角导柱模架，它具有四个沿四角分布的导柱和导套，冲裁时受力均匀，精度与刚度都较好，适用于大型冲裁模具。

2）滚动导向模架

图 2-68 所示为滚动导向模架，其导向精度高，使用寿命长，主要用于高精度、高寿命的精密模具及薄材料的冲裁模具。

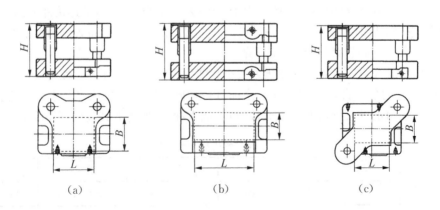

(a)　　　　　　　　　(b)　　　　　　　　　(c)

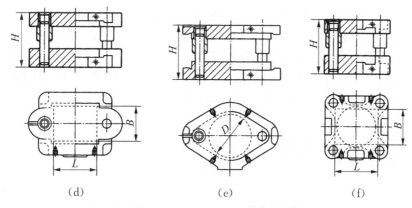

图 2 - 67　滑动导向模架

(a)后侧导柱模具；(b)后侧导柱窄形模具；(c)对角导柱模具；

(d)中间导柱模架；(e)中间导柱圆形模架；(f)四角导柱模架；

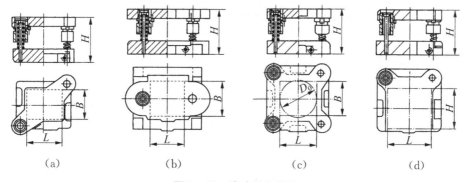

图 2 - 68　滚动导向模架

(a)对角导柱模架；(b)中间导柱模架；(c)四角导柱模架；(d)后侧导柱模架

2. 导柱、导套

导柱和导套结构都已经标准化，设计时可查阅相关手册。按导柱、导套导向方式的不同，导向装置又分为滑动式导向装置和滚动式导向装置。图 2 - 69 所示为一滑动导向的导柱导套安装图，此时模具处于闭合状态。导柱与导套的配合精度根据冲模的精度、模具寿命和间隙大小来选用。当板料厚度在 0.8 mm 以下，而模具精度、寿命都有较高要求时，选用 H6/h5 配合的 Ⅰ 级精度模架；当板料厚度为 0.8~4 mm 时，可选用 H7/h6 配合的 Ⅱ 级精度模架。

3. 模座

模座分为上模座和下模座，分别与冲压设备的滑块和工作台固定，其作用是直接或间接地安装冲模的所有零件。上下模座间的精确位置由导柱、导套的导向来实现。在选用和设计模座时应注意如下几点。

(1) 尽量选用标准模架，其形式和规格决定了上下模座

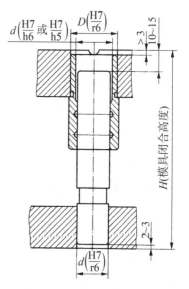

图 2 - 69　导柱导套安装图

的形式和规格。如果需要自行设计模座,则圆形模座的直径应比凹模板直径大 30～70 mm,矩形模座的长度应比凹模板长度大 40～70 mm,其宽度可以略大于或等于凹模板的宽度。模座的厚度可参照标准模座确定,一般为凹模板厚度的 1.0～1.5 倍,以保证有足够的强度和刚度。

（2）所选用或设计的模座必须与所选压力机的工作台和滑块的相关尺寸相适应,并进行必要的校核。例如,下模座的最小轮廓尺寸应比压力机工作台漏料孔的单边尺寸大 40～50 mm。

（3）模座材料一般选用铸铁 HT200、HT250,也可选用 Q235、Q255 结构钢,对于大型精密模具的模座选用铸钢 ZG35、ZG45。

拓展:垫片零件冲裁模设计　　　思考与练习二

第3章

弯曲成形工艺及模具设计

3.1 弯曲变形分析及特点

3.1.1 弯曲变形过程

V形弯曲属于板料弯曲中最基本的一种形式,图3-1所示为V形件弯曲的变形过程,包括弹性变形阶段、塑性变形阶段和校正弯曲阶段。

开始弯曲时,在凸模的压力下,板料与凹模的两角部点接触,板料发生弹性弯曲变形,如图3-1(a)所示。此时,弯曲圆角半径很大,弯曲力矩很小,变形区内、外层材料所受到的切向应力尚未达到材料的屈服极限。这个阶段属于自由弯曲。

随着凸模下压,弯曲力矩增大,变形区内、外层材料所受到的切向应力达到了材料的屈服极限,板料进入塑性变形阶段,凹模与坯料接触点位置沿着凹模不断下移,曲率半径和力臂逐渐减小,如图3-1(b)所示。凸模继续下压,板料弯曲变形区进一步减小,直到与凸模成三点接触,此后板料的直边部分向与以前相反的方向变形,如图3-1(c)所示。这个阶段也属于自由弯曲。

当凸模行程到达终了状态时,凸模、板料与凹模三者完全贴合后,凸模继续下行一段很小的距离,此时变形区的材料将受到极大的挤压力作用,如图3-1(d)所示,这种弯曲称为校正弯曲,校正弯曲可以有效减少板料的回弹。

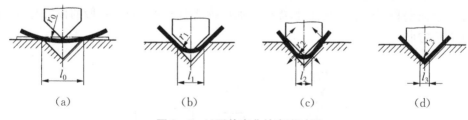

图 3-1 V形件弯曲的变形过程

3.1.2 弯曲变形特点

研究弯曲时材料的流动情况,分析弯曲变形的特点,常采用网格法。在弯曲前将板料侧面画出网格,然后观察并测量弯曲变形前后网格形状和尺寸的变化情况,进而分析变形时板料的受力情况,如图3-2所示为板料弯曲前后网格的变化情况。

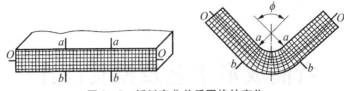

图3-2　板料弯曲前后网格的变化

从板料弯曲前后网格变化图中可以看出弯曲变形区域主要发生在弯曲带中心角 ϕ 范围内,中心角以外的部分基本上不变形。在变形区内,板料在长、宽、厚三个方向都产生了变形。

1. 长度方向

长度方向上,网格由正方形变成了扇形,靠近凹模外侧的长度伸长,靠近凸模内侧的长度缩短,说明长度方向上内侧材料受压,外侧材料受拉。板料内外层至板料的中心,其缩短与伸长的程度逐渐变小。在缩短与伸长的两个变形区之间,必然有一层金属,它的长度在变形前后既不伸长,也不缩短,这层称为中性层(见图3-2中的 $O-O$ 层)。

2. 厚度方向

在厚度方向上,内侧长度缩短,厚度增加,但由于凸模紧压板料,厚度增加不易;外侧长度伸长,厚度变薄。在整个厚度上,增厚量略小于变薄量,因此材料厚度在弯曲变形区内有变薄现象,从而使弹性变形时位于板料厚度中间的中性层发生内移。弯曲变形程度越大,弯曲变形区变薄越严重,中性层内移量越大。弯曲时厚度变薄不仅影响零件质量,在多数情况下还会导致弯曲变形区长度增加。

3. 宽度方向

在宽度方向上,内侧材料缩短,宽度增加,外侧材料伸长,宽度减小。这种变形情况根据板料的宽度不同分为宽板和窄板两种情况,当板料宽度与厚度(相对宽度)之比 $b/t \leqslant 3$ 的板称为窄板,当板料宽度与厚度之比 $b/t > 3$ 的板称为宽板。

窄板弯曲时,板料在宽度方向的变形不受约束,断面变成了内宽外窄的扇形;宽板弯曲时,板料在宽度方向的变形会受到相邻金属的限制,断面几乎不变,基本保持为矩形。图3-3所示为两种情况下的断面变化情况。由于窄板弯曲时变形区断面发生畸变,当弯曲件的侧面尺寸有一定要求或要和其他零件配合时,需要增加后续辅助工序。对于一般的板料弯曲来说,大部分属于宽板弯曲。

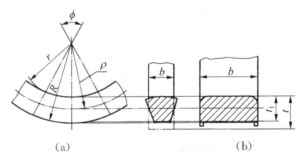

图3-3　板料弯曲前后宽度方向上断面的变化情况
(a)窄板($b/t \leqslant 3$);(b)宽板($b/t > 3$)

3.1.3 弯曲变形时的应力与应变

1. 应力状态

1）长度方向（切向）

外侧材料承受拉应力，内侧材料则受压应力，其中应力 σ_1 表现为最大主应力。

2）厚度方向（径向）

在弯曲过程中，材料有挤向曲率中心的倾向，内、外侧同时受压应力 σ_2。

3）宽度方向（轴向）

当进行窄板弯曲（$b/t \leqslant 3$）时，材料在宽度方向可自由变形，此时内侧和外侧的应力可忽略为零。而在宽板弯曲（$b/t > 3$）时，外侧材料在宽度方向上的收缩受到阻碍，从而产生拉应力 σ_3，内侧材料在宽度方向上的拉伸受阻，进而产生压应力 σ_3。

2. 应变状态

1）沿长度方向

外侧为拉伸应变，内侧为压缩应变。其应变 ε_1 为绝对值最大的主变。

2）沿厚度方向

根据塑性变形体积不变的条件可知，沿着板料的厚度方向，必然产生与 ε_1 符号相反的应变。在板料的外侧，长度方向主应变 ε_1 为拉应变，所以厚度方向的 ε_2 为压应变；在板料的内侧，长度方向主应变 ε_1 为压应变，所以厚度方向的应变 ε_2 为拉应变。

3）沿宽度方向

窄板弯曲（$b/t \leqslant 3$）时，材料在宽方向可自由变形，故外侧为压应变，内侧应变为拉应变；宽板弯曲（$b/t > 3$）时，材料之间的变形相互制约，材料的流动受阻，故外侧和内侧沿宽度方向的应变 ε_3 近似为零。

板料在弯曲过程中的应力、应变状态如表 3-1 所示。从应力状态看，宽板弯曲时是立体的，窄板弯曲时是平面的；从应变状态看，宽板弯曲时是平面的，窄板弯曲时是立体的。

表 3-1　板料弯曲变形时的应力与应变

相对宽度	内侧	外侧
$b/t \leqslant 3$		
$b/t > 3$		

3.2　弯曲件质量分析

弯曲件的质量涉及弯裂、弯曲回弹、偏移、翘曲、畸变、表面擦伤等问题，需要认真分析其产生的原因,并在弯曲工艺及模具设计过程中采取措施尽量避免,下面分别对这些现象产生的原因及其解决办法进行阐述。

3.2.1　弯裂

板料弯曲时外层材料受拉,当变形达到一定程度,拉应力超过材料的强度极限时,将会使外层材料沿板宽方向产生裂纹而导致破坏,这种现象称为弯裂。

1. 变形程度与最小相对弯曲半径

如图 3-4 所示,设中性层位置在半径为 ρ 时,弯曲带中心角为 α 时,内层表面弯曲半径为 r,则最外层金属沿长度方向的应变为

$$\varepsilon_1 = \frac{1}{2r/t + 1} \tag{3-1}$$

从式(3-1)可以看出,对于一定厚度的材料,弯曲半径越小,外层材料的伸长率越大。所以可以用相对弯曲半径 r/t 反映板料的弯曲变形程度,r/t 越小,弯曲变形程度越大。在保证毛坯最外层纤维不发生拉裂的前提下,所能获得的弯曲零件内表面最小圆角半径与弯曲材料厚度的比值称为最小相对弯曲半径。

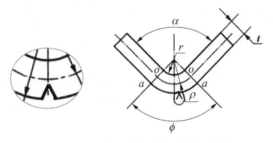

图 3-4　弯曲半径和弯曲中心角

2. 影响最小相对弯曲半径的因素

1) 材料的力学性能

材料的塑性越好,其伸长率越大,许可的最小相对弯曲半径越小。

2) 弯曲中心角度

弯曲中心角 α 越大,最小相对弯曲半径 r/t 越小。这是因为在弯曲过程中,由于材料的相互牵连,变形会影响到圆角附近的直边,扩大了弯曲变形区范围,分散了集中在圆角部分的弯曲应变,对圆角外层纤维濒于拉裂的极限状态有所缓解,使最小相对弯曲半径减小。

3) 板料的表面和侧面质量

板料表面和侧面(剪切断面)的质量差时,容易造成应力集中并降低塑性变形的稳定性,使材料过早地被破坏。对于冲裁或剪切板料,若未经退火,则由于剪切断面存在冷变形硬化层,就会使材料塑性降低。上述情况下均会使最小相对弯曲半径增大。

4) 板料折弯方向

如图 3-5 所示,材料经过轧制后具有纤维状组织,使板料呈现各向异性。沿纤维组织方向的力学性能较好,不易拉裂。因此,当折弯线与纤维组织方向垂直时,最小相对弯曲半径 r/t 最小,平行时最大。为了获得较小的弯曲半径,应使折弯线和轧制纹路垂直。在双向弯曲时,

应使折弯线与纤维组织方向呈一定的角度。

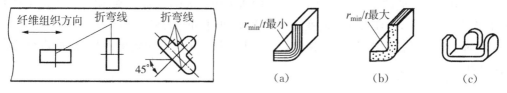

图 3-5　材料纤维方向对弯曲半径的影响

3. 最小弯曲半径的确定

影响板料最小弯曲半径的因素较多,其数值一般由试验方法确定。板料最小弯曲半径如表 3-2 所示。

表 3-2　板料最小弯曲半径值　　　　　（单位：mm）

	退火状态		冷作硬化状态	
	弯曲线位置			
	垂直纤维方向	平行纤维方向	垂直纤维方向	平行纤维方向
08、10、Q215	0.1t	0.4t	0.4t	0.8t
15、20、Q235	0.1t	0.5t	0.5t	1.0t
25、30、Q255	0.2t	0.6t	0.6t	1.2t
35、40、Q275	0.3t	0.8t	0.8t	1.5t
45、50	0.5t	1.0t	1.0t	1.7t
55、60	0.7t	1.3t	1.3t	2.0t
铝	0.1t	0.35t	0.5t	1.0t
纯铜	0.1t	0.35t	0.5t	1.0t
软黄铜	0.1t	0.35t	0.35t	0.8t
半硬黄铜	0.1t	0.35t	0.5t	1.2t
磷青铜	—	—	1.0t	3.0t

注：① 当弯曲线与纤维方向呈一定角度时,可以采用垂直纤维和平行纤维方向的中间值。
② 当冲裁或剪切以后没有退火的坯料弯曲时,应作为冷作硬化的金属选用。
③ 弯曲时应使有毛刺的一边处于弯角的内侧。
④ 表中 t 为坯料的厚度。

4. 防止弯裂的措施

在一般情况下,不宜采用最小弯曲半径。当工件的弯曲半径小于表 3-2 中所列的数值时,为提高弯曲极限变形程度,常采取以下措施:

（1）经冷作硬化的材料,可采用热处理的方法恢复其塑性。对于剪切断面的硬化层,可以采取先去除硬化层再弯曲的方法。

（2）清除冲裁毛刺,若毛刺较小,则可以使有毛刺的一面处于弯曲受压的内缘(有毛刺的一面朝向弯曲凸模),以免因应力集中而开裂。

（3）对于低塑性的材料或厚料，可采用加热弯曲的方法。

（4）采取两次弯曲的工艺方法，即第一次弯曲采用较大的弯曲半径，第二次再按工件要求的弯曲半径进行弯曲，这样就使弯曲变形区扩大，减小了外层材料的伸长率。

（5）对于较厚材料的弯曲，如结构允许，则可以采取先在弯角内侧开槽，然后进行弯曲的工艺，如图 3-6 所示。

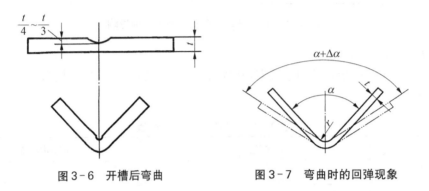

图 3-6　开槽后弯曲　　　　图 3-7　弯曲时的回弹现象

3.2.2　弯曲回弹

在材料弯曲变形结束，工件不受外力作用时，由于弹性恢复，使弯曲件的角度、弯曲半径与模具的尺寸形状不一致，这种现象称为回弹，如图 3-7 所示。

1. 回弹的表现形式

1）弯曲半径增大

卸载前弯曲件的内角半径 r（与凸模的半径吻合），在卸载后会有所增大。

2）弯曲件角度增大

卸载前板料的弯曲件角度 α（与凸模顶角吻合），在卸载后增大了 Δ_α，Δ_α 称为回弹角，表示弯曲件实际角度与凸模顶角之间的差值。

弯曲变形必然伴随着弯曲回弹现象的出现，回弹引起的工件形状和尺寸的变化十分显著，对弯曲件的尺寸精度有较大的影响。因此，如何控制弯曲回弹是弯曲工艺中一个极为重要的问题。

2. 影响回弹的因素

1）材料的力学性能

回弹量与材料的屈服强度 σ 和硬化指数 n 成正比，与材料的弹性模量 E 成反比。

如图 3-8(a) 所示，两种材料的屈服强度基本相同，但弹性模量却不相同（$E_2 < E_1$），当弯曲件的变形程度（r/t 相同）相同时，卸载后，弹性模量大的退火软钢回弹量小于软锰黄铜。如图 3-8(b) 所示，两种材料的弹性模量差不大，而屈服强度不同，当弯曲件的变形程度相同时，卸载后，屈服强度较高的或经冷变形硬化的软钢材料的回弹量将大于屈服强度较低的退火软钢材料。

实际上钢材的弹性模量相差无几，因此选材时应尽量选用屈服强度小、硬化指数值小的材料，以获得形状规则、尺寸精确的弯曲件。

2）相对弯曲半径

相对弯曲半径 r/t 越大，板料弯曲变形程度越小，在板料中性层两侧的纯弹性变形区增加

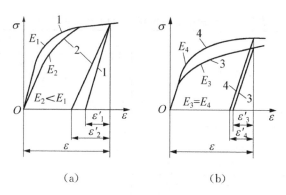

图 3-8　材料的力学性能对回弹值的影响

越多,塑性变形区中的弹性变形所占的比例同时也增大,故回弹量越大,这也是 r/t 值较大的工件不易弯曲成形的原因。反之,相对弯曲半径 r/t 越小,弯曲变形程度越大,但在总的变形中,弹性变形所占的比例变小,因此回弹量较小。

3）弯曲中心角

弯曲中心角 α 越大,表示弯曲变形区域越大,回弹的积累越大,回弹角也越大。

4）弯曲方式

校正弯曲与自由弯曲相比,由于校正弯曲可增加圆角处的塑性变形程度,因而校正弯曲回弹量小,自由弯曲回弹量大。

5）模具间隙

模具间隙对回弹值影响较大,间隙大,材料处于松动状态,回弹就大;间隙小,材料被挤紧,回弹就小;间隙值为负值时,可能出现零回弹,甚至负回弹,如图 3-9 所示。

6）弯曲件的形状

工件形状复杂,一次弯曲成形角的数量越多,各部分的回弹相互牵制的作用越大,同时由于弯曲件表面与模具间摩擦的影响,弯曲件内各部分的应力状态被改变,使得回弹困难,回弹量就小。因此,一次弯曲成型时,只弯一个角时的回弹值(如 V 形件)要比弯两个角的(如 U 形件)回弹要大一些。

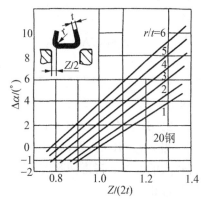

图 3-9　模具间隙对回弹的影响

3. 回弹值的确定

1）大变形($r/t<5$)自由弯曲

当相对弯曲半径 $r/t<5$ 时,弯曲半径的回弹值不大,一般只考虑角度的回弹。当弯曲中心角为 90° 时,部分材料的平均回弹角度如表 3-3 所示;当弯曲中心角不为 90° 时,其回弹角做如下修正:

$$\Delta_\alpha = \frac{\alpha}{90}\Delta_{\alpha 90} \tag{3-2}$$

式中,Δ_α 为弯曲中心角为 α 时的回弹角;$\Delta_{\alpha 90}$ 为弯曲中心角为 90° 时的平均回弹角;α 为弯曲中心角。

表 3-3 弯曲中心角为 90° 时的平均回弹角 $\Delta_{\alpha90}$

材料	R/t	回弹角		
		材料厚度 t/min		
		0.8	0.8~2	>2
软钢 $\sigma_b = 350\,\text{MPa}$	<1	4°	2°	0°
软黄铜 $\sigma_b \leqslant 350\,\text{MPa}$	1~5	5°	3°	1°
铝、锌	>5	6°	4°	2°
中硬钢 $\sigma_b = 400 \sim 500\,\text{MPa}$	<1	5°	2°	0°
硬黄钢 $\sigma_b = 350 \sim 400\,\text{MPa}$	1~5	6°	3°	1°
硬青铜	>5	8°	5°	3°
硬钢 $\sigma_b > 550\,\text{MPa}$	<1	7°	4°	2°
	1~5	9°	5°	3°
	>5	12°	7°	6°
硬铝 2A12	<2	2°	3°	4.5°
	2~5	4°	6°	8.5°
	>5	6.5°	10°	14°
超硬铝 7A04	<2	2.5°	5°	8°
	2~5	4°	8°	11.5°
	>5	7°	12°	19°

2) 小变形（$r/t > 10$）自由弯曲

当 $r/t > 10$ 时，因相对弯曲半径较大，回弹量较大，这时工件不仅角度有回弹，弯曲半径也有较大的回弹。考虑回弹的影响后，弯曲凸模的设计尺寸可按下列公式进行计算，再在生产中进行修正。

$$r_T = \frac{r}{1 + 3\dfrac{\sigma_s r}{Et}} = \frac{1}{\dfrac{1}{r} + 3\dfrac{\sigma_s}{Et}} \tag{3-3}$$

$$\alpha_T = a - (180° - \alpha)\left(\frac{r}{r_T} - 1\right) \tag{3-4}$$

式中，r_T 为凸模工作部分圆角半径，mm；r 为工件的圆角半径，mm；α 为弯曲件的角度，°；α_T 为凸模弯曲角度，°；t 为毛坯的厚度，mm；E 为弯曲材料的弹性模量，MPa；σ_s 为材料的屈服强度，MPa。

需要指出的是上述公式的计算值是近似的。根据工厂生产经验，修磨凸模时，"放大"弯曲半径比"缩小"弯曲半径容易。因此，对于 r/t 值较大的弯曲件，生产中希望压弯后零件的曲率半径比图纸尺寸要求略小，以便在试模后能比较容易修正。

3）校正弯曲时的回弹值

校正弯曲只考虑角度的回弹值，如图 3 - 10 所示。V 形件校正弯曲的回弹角度可用表 3 - 4 中的经验公式计算。

表 3 - 4 V 形件校正弯曲时的回弹角

	回弹角 $\Delta\beta$			
	$\beta = 30°$	$\beta = 36°$	$\beta = 90°$	$\beta = 120°$
08、10、Q195	$0.75r/t - 0.39$	$0.58r/t - 0.80$	$0.43r/t - 0.61$	$0.36r/t - 1.26$
15、20、Q215、Q235	$0.69r/t - 0.23$	$0.64r/t - 0.65$	$0.434r/t - 0.36$	$0.37r/t - 0.58$
25、30、Q255	$1.59r/t - 1.03$	$0.95r/t - 0.94$	$0.78r/t - 0.79$	$0.46r/t - 1.36$
35、Q275	$1.51r/t - 1.48$	$0.84r/t - 0.76$	$0.79r/t - 1.62$	$0.51r/t - 1.71$

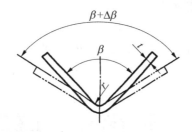

图 3 - 10 V 形件校正弯曲时的回弹角

【例 3 - 1】 如图 3 - 11(a)所示工件，材料为超硬铝 7A04，$\sigma_s = 460\,\text{MPa}$，$E = 70\,000\,\text{MPa}$，求凸模工作部分的尺寸。

解：（1）计算工件中间弯曲部分的回弹。

由图 3 - 11(a)可知，$r_1 = 12\,\text{mm}$，$r_2 = 4\,\text{mm}$，$\alpha = 90°$，$t = 1\,\text{mm}$。因 $r_1/t = 12 > 10$，因此，工件不仅角度有回弹，弯曲半径也有回弹。

由式(3 - 3)知，凸模圆角半径为

$$r_{T1} = \cfrac{1}{\cfrac{1}{12} + \cfrac{3 \times 460}{70\,000 \times 1}} \approx 9.7\,(\text{mm})$$

由式(3 - 4)知，凸模弯曲角度为

$$\alpha_{T1} = 90° - (180° - 90°)\left(\frac{12}{9.7} - 1\right) \approx 68.66°$$

（2）计算两侧弯曲部分的回弹。

因 $r_2/t = 4 < 5$，故弯曲半径的回弹值不大。查表 3 - 2 得，材料厚度为 1 mm 时，超硬铝 7A04 的回弹角为 8°，即 $\alpha_{T2} = 90° - 8° - 82°$。

根据回弹值确定的凸模工作部分尺寸如图 3 - 11 所示。

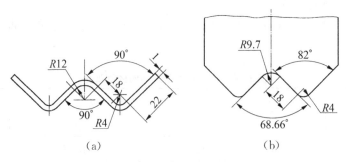

(a)　　　　　　　(b)

图 3 - 11　回弹值计算示例

4. 减小回弹的措施

压弯中弯曲件回弹产生误差,很难得到合格的零件尺寸。同时,由于材料的力学性能和厚度的波动,要完全消除弯曲件的回弹是不可能的,但可以采取一些措施来减小或补偿回弹所产生的误差。控制弯曲件回弹的措施如下。

1) 改善冲压件的结构

如图 3 - 12 所示在变形区加装加强筋或成形边翼,增加弯曲件的刚性和成形边翼的变形程度,可以减小回弹。

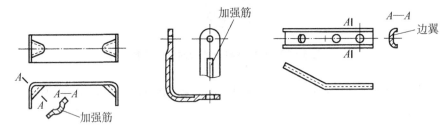

图 3 - 12　改变零件结构

另外从选材方面考虑,选用弹性模量大、屈服极限小、力学性能稳定的材料,也可使弯曲件回弹量减小。

2) 采用正确的弯曲工艺

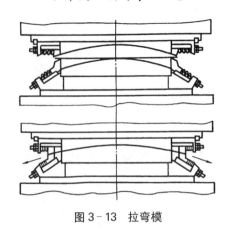

图 3 - 13　拉弯模

(1) 用校正弯曲代替自由弯曲,这是一种常用、简单且行之有效的减少回弹的方法。

(2) 对冷作硬化的材料可先退火,降低其屈服极限,以此来减小回弹。在弯曲操作完成后再进行淬硬。对于回弹量较大的材料,必要时可采用加热弯曲的方式。

(3) 用拉弯法代替一般弯曲方法,拉弯用模具如图 3 - 13 所示。采用拉弯工艺的特点是在弯曲的同时使板料承受一定的拉应力。拉应力的数值应使弯曲件变形区内的合成应力(加上的拉应力和弯曲件内侧的压应力之和)大于材料的屈服极限,因而使工件的整个断面都处于塑性拉伸变形范围内。内外侧应力应变方向一致,故可大大减小工件的回弹。拉弯主要用于长度和曲率半径都比较大的零件成形。

3) 合理设计弯曲模结构

(1) 对于较硬的材料,如 45、50、Q275 钢和 H62(硬)等,可根据回弹量对模具工作部分的形状和尺寸进行修正。

(2) 对于较软的材料,如 10、20、Q215、Q235 钢和 H62(软)等,当回弹角小于 5°时,可在模具上设置补偿角,并选取较小的凸、凹模间隙,如图 3 - 14 所示。

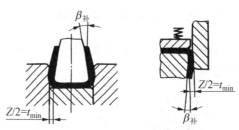

图 3 - 14　从模具结构上减少回弹措施(1)

(3) 对于厚度在 0.8 mm 以上、相对弯曲半径不大的软材料,把凸模做成局部凸起的形状,使凸模的作用力集中在变形区,以改变应力状态,达到减小回弹的目的,但易产生压痕,如图 3 - 15(a)、图 3 - 15(b);采用将凸模角度减小 2°~5°的方法来减小接触面积,可以在减小回弹的同时使压痕减轻,如图 3 - 15(c)所示;将凹模角度减小 2°,在减小回弹的同时还能减小长尺寸弯曲件的纵向翘曲度,如图 3 - 15(d)所示。

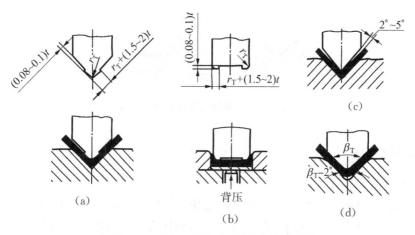

图 3 - 15　从模具结构上减少回弹措施(2)

(4) 对于 U 形件弯曲,当 r/t 较小时,可采取调整顶板压力的方法,也称背压法,如图 3 - 15(b)所示;当 r/t 较大,采用背压法无效时,可将凸模端面和顶板表面做成具有一定曲率的弧形,如图 3 - 16(a)所示。这两种方法的实质都是使底部产生的负回弹和角部产生的正回弹互相补偿;此处还可采用摆动式凹模,而在凸模侧壁设计补偿回弹角,如图 3 - 16(b)所示;当板料厚度负偏差较大时,可设计凸、凹模间隙可调的弯曲模,如图 3 - 16(c)所示。

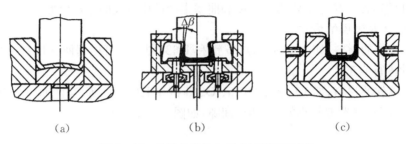

图 3-16　从模具结构上减少回弹措施(3)

(5) 在弯曲件直边的端部施加压力,使弯曲变形的内、外区都处于压应力状态,从而减小回弹,并且可以得到精确的弯边高度,如图 3-17 所示。

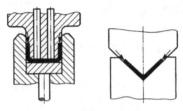

图 3-17　端部加压减少回弹

(6) 采用橡胶凸模(或凹模)使毛坯紧贴凹模(或凸模),以减小非变形区对回弹的影响,如图 3-18 所示。

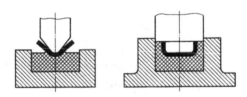

图 3-18　采用橡胶弯曲模减少回弹

3.2.3　弯曲时的偏移

1. 偏移现象的产生

在弯曲过程中,坯料沿着凹模边缘滑动时要受到摩擦阻力的作用,当坯料各边所受到的摩擦力不等时,坯料会在其长度方向上产生滑移。从而使得弯曲后的零件两直边长度不符合图样要求,这种现象被称为偏移。

产生偏移的原因很多,图 3-19(a)和图 3-19(b)所示为制件毛坯形状不对称造成的偏移;图 3-19(c)为工件结构不对称造成的偏移;图 3-19(d)和图 3-19(e)为弯曲模结构不合理造成的偏移。此外,凸模与凹模的圆角不对称、间隙不对称等情况,也会导致弯曲时产生偏移现象。

2. 克服偏移的措施

(1) 采用压料装置使毛坯在压紧的状态下逐渐弯曲成形,从而防止毛坯滑动,而且能得到较平整的工件,如图 3-20(a)和图 3-20(b)所示。

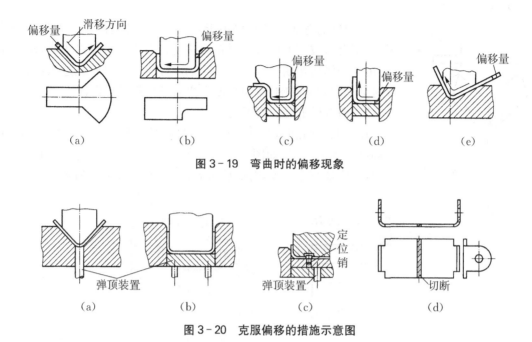

图 3-19 弯曲时的偏移现象

图 3-20 克服偏移的措施示意图

（2）利用毛坯上的孔或设计工艺孔，将定位销插入孔内再进行弯曲操作，使毛坯无法移动，如图 3-20(c)所示。

（3）将不对称形状的弯曲件组合成对称弯曲件并进行弯曲操作，然后切开，使板料弯曲时受力均匀，不容易产生偏移，如图 3-20(d)所示。

（4）模具制造准确，间隙调整对称，特别是要保证凸、凹模圆角半径对称一致。

3.3 弯曲件的结构工艺性

3.3.1 弯曲件的结构与尺寸

1. 弯曲件形状

一般要求弯曲件形状对称，直边高度足够，弯曲半径左右一致，定位可靠，以防弯曲时产生偏移现象，如图 3-21(a)所示。如果弯曲件形状不对称，坯料在弯曲过程中就会产生偏移，从而导致工件形状及精度难以保证，如图 3-21(b)所示。

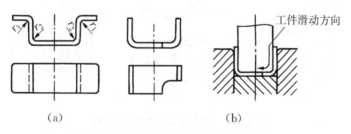

图 3-21 形状对称和不对称的弯曲件

2. 弯曲半径

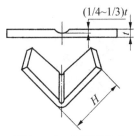

图 3-22　切槽后弯曲

弯曲件的弯曲半径不得小于表 3-2 所列板料最小弯曲半径数据,否则会造成变形区外层材料的拉裂。当弯曲半径过小时,对于厚料,可先切槽后弯曲,如图 3-22 所示;弯曲半径也不宜过大,因为过大时会受回弹的影响,弯曲角度和弯曲半径都不易保证。

3. 弯曲件的直边高度

在弯曲 90°角时,为使弯曲时有足够长的弯曲力臂,必须使弯曲边高度 $h > r + 2t$,如图 3-23(a)所示。当 $h < r + 2t$ 时,可开槽后弯曲,或增加直边高度,弯曲后再去掉,如图 3-23(b)所示。

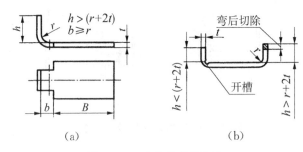

(a)　　　　　　　　(b)

图 3-23　弯曲件直边高度

4. 弯曲件孔边距

带孔的板料在弯曲时,如果孔位于弯曲变形区内,则孔的形状会发生畸变。因此,孔边到弯曲半径中心要保持一定的距离 L,如图 3-24 所示。当 $t < 2\,\text{mm}$ 时,$L \geqslant t$;当 $t \geqslant 2\,\text{mm}$ 时,$L \geqslant 2t$。

如果不能满足上述条件,可采取冲凸圆形缺口或月牙槽的措施,如图 3-25(a)和图 3-25(b)所示;或在弯曲变形区冲出工艺孔,以转移变形区,如图 3-25(c)所示。如果对零件孔的精度要求较高,则应弯曲后再冲孔。

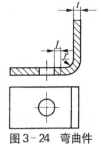

图 3-24　弯曲件孔边距

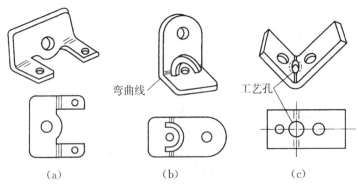

(a)　　　　　(b)　　　　　(c)

图 3-25　防止孔弯曲时变形的措施

5. 防止弯边根部裂纹的工件结构

在局部弯曲某一段边缘时,为了避免弯边根部撕裂,应使不弯曲部分退出弯曲线之外,否则就要在弯曲部分与不弯曲部分之间切槽,如图 3 - 26(a)所示,或在弯曲前冲出工艺孔,如图 3 - 26(b)所示。

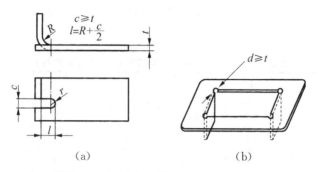

图 3 - 26　预冲工艺槽及工艺孔的弯曲件

6. 加添连接带和定位工艺孔

变形区域附近有缺口的弯曲件,若在环料上先将缺口冲出,则弯曲时会出现叉形缺口,严重时无法成形。此时,应在缺口处留有连接带,弯曲成形后再将连接带切除,如图 3 - 27(a)、图 3 - 27(b)所示。为了保证坯料在弯曲模内准确定位或防止在弯曲过程中坯料的偏移,最好能够在坯料上预先增加工艺孔,如图 3 - 27(b)、图 3 - 27(c)所示。

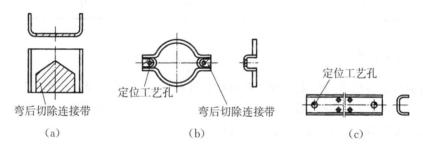

图 3 - 27　切除连接带弯曲件

7. 弯曲件尺寸的标注

尺寸标注对弯曲件的生产工艺有很大的影响。如图 3 - 28(a)所示的弯曲件尺寸标注,孔的位置精度不受毛坯展开尺寸和回弹的影响,可简化冲压工艺,采用先落料、冲孔,然后再弯曲成形。如图 3 - 28(b)和图 3 - 28(c)所示的标注法,冲孔只能安排在弯曲工序之后进行,才能保证孔的位置精度。在弯曲件不存在装配关系时,应考虑如图 3 - 28(a)的标注方法。

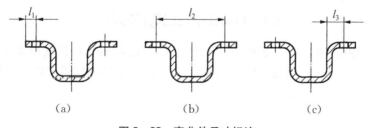

图 3 - 28　弯曲件尺寸标注

3.3.2 弯曲件的精度

弯曲件的精度受坯料定位、偏移、翘曲和回弹等因素的影响,弯曲的工序数目越多,精度越低。对弯曲件的精度要求应合理,一般弯曲件的经济公差等级在 IT13 级以下,角度公差大于 15′。弯曲件未标注公差长度尺寸的极限偏差和角度的自由公差分别如表 3-5 和表 3-6 所示。

表 3-5 弯曲件未标注公差的长度尺寸的极限偏差 （单位:mm）

长度尺寸 l		3～6	6～8	18～50	50～120	120～260	260～500
极限偏差	$t < 2$	±0.3	±0.4	±0.6	±0.8	±1.0	±1.5
	$t = 2～4$	±0.4	±0.6	±0.8	±1.2	±1.5	±2.0
	$t > 4$	—	±0.8	±1.0	±1.5	±2.0	±2.5

注:t 为材料厚度。

表 3-6 弯曲件角度自由公差

l/mm	<6	6～10	10～18	18～30	30～50
$\Delta\beta$	±3°	±2°30′	±2°	±1°30′	±1°15′
l/mm	50～80	80～120	120～180	180～260	260～360
$\Delta\beta$	±1°	±50′	±40′	±30′	±25′

3.3.3 弯曲件的材料

利于弯曲成形并保证工件质量的弯曲材料应具有足够的塑性,屈强比小,屈服强度和弹性模量的比值小,如软钢、黄铜和铝等。而脆性相对较大的材料,如磷青铜、铍青铜和弹簧钢等,其最小相对弯曲半径大,回弹量大,不利于成形。

3.4 弯曲件坯料尺寸的计算

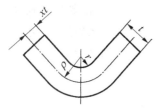

图 3-29 弯曲件中性层位置

板料弯曲时,弯曲件毛坯展开尺寸的准确性直接关系到所弯工件的尺寸精度。鉴于弯曲件的中性层在弯曲变形的前后长度保持不变,因此可以用中性层长度作为计算弯曲部分展开长度的依据。

3.4.1 弯曲件中性层位置的确定

根据中性层的定义,弯曲件的坯料长度应等于中性层的展开长度,图 3-29 所示为弯曲件中性层位置示意图,通常用经验公式确定为

$$\rho = r + xt \qquad (3-5)$$

式中,ρ 为中性层曲率半径,mm;r 为弯曲件的内弯曲半径,mm;t 为材料厚度,mm;x 为中性层位移系数,如表 3-7 所示。

表 3-7　中性层位移系数 x

r/t	0.1	0.2	0.3	0.4	0.5	0.6	0.7	0.8	1	1.2
x	0.21	0.22	0.23	0.24	0.25	0.26	0.28	0.30	0.32	0.33
r/t	1.3	1.5	2	2.5	3	4	5	6	7	$\geqslant 8$
x	0.34	0.36	0.38	0.39	0.40	0.42	0.44	0.46	0.48	0.50

3.4.2　弯曲件展开尺寸的计算

中性层位置确定以后,对于形状比较简单、尺寸精度要求不高的弯曲件,可以直接按照下面介绍的方法计算展开尺寸。对于形状复杂或精度要求较高的弯曲件,在利用下面介绍的方法初步计算出展开长度后,还需要反复试弯并不断修正,才能最后确定毛坯的形状和尺寸。在生产中宜先制造弯曲模,然后制造落料模。

1. $r>0.5t$ 的弯曲件

一般将 $r>0.5t$ 的弯曲件称为有圆角半径的弯曲,如图 3-30 所示。由于变薄不严重,所以按中性层展开的原理,坯料总长度应等于弯曲件直线部分和圆弧部分的长度之和,即

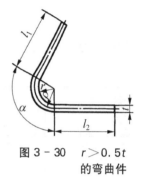

图 3-30　$r>0.5t$ 的弯曲件

$$L_z = l_1 + l_2 + \frac{\pi\alpha}{180}\rho = l_1 + l_2 + \frac{\pi\alpha}{180}(r+xt) \qquad (3-6)$$

式中,L_z 为坯料展开总长度,mm;α 为弯曲中心角,(°)。

2. $r<0.5t$ 的弯曲件

一般将 $r<0.5t$ 的弯曲称为无圆角半径的弯曲。由于弯曲时不仅使制件的圆角变形区严重变薄,而且与其相邻的直边部分也产生变薄现象,所以应该按变形前、后体积不变的条件来确定坯料的展开长度。一般采用表 3-8 所列的经验公式进行计算。

表 3-8　$r<0.5t$ 的弯曲件坯料展开长度计算

简图	计算公式	简图	计算公式
	$L_z = l_1 + l_2 + 0.4t$		$L_z = l_1 + l_2 + l_3 + 0.6t$ (一次同时弯曲两个角)
	$L_z = l_1 + l_2 + 0.43t$		$L_z = l_1 + 2l_2 + 2l_3 + t$ (一次同时弯曲四个角) $L_z = l_1 + 2l_2 + 2l_3 + 1.2t$ (分两次弯曲四个角)

3. 铰链式弯曲件

铰链式弯曲件通常采用卷圆的方法成形,如图3-31所示。在卷圆的过程中板料增厚,中性层外移,其坯料展开长度可按式(3-7)进行近似计算。

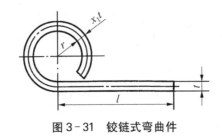

图3-31　铰链式弯曲件

$$L_z = l + 1.5\pi(r + x_1 t) + r \approx l + 5.7r + 4.7x_1 t \tag{3-7}$$

式中,l 为直线段长度;r 为铰链内半径;x_1 为卷边时中性层位移系数,如表3-9所示。

表3-9　卷边时中性层位移系数

r/t	0.5~0.6	0.6~0.8	0.8~1.0	1.0~1.2	1.2~1.5
	0.76	0.73	0.7	0.67	0.64
r/t	1.5~1.8	1.8~2.0	2.0~2.2	>2.2	
	0.61	0.58	0.54	0.5	

【例3-2】　计算如图3-32所示的V形弯曲件坯料展开尺寸。

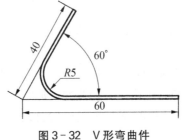

图3-32　V形弯曲件

解: 弯曲半径 $r > 0.5t$,$r/t = 2.5$,查表3-7得,$x = 0.39$,故坯料展开长度为

$$L_z = (40 - 5/\tan 30°) + (60 - 5/\tan 30°) + \frac{\pi 120}{180}(5 + 0.39 \times 2) \approx 94.8$$

3.5　弯曲力的计算

弯曲力是设计弯曲模和选择压力机吨位的重要依据。弯曲力的大小不仅与毛坯的尺寸、材料的力学性能及弯曲半径有关,还与弯曲方式有关。如图3-33所示为V形件弯曲过程中弯曲力的变化曲线,其中弯曲力的急剧上升表示的是自由弯曲转化为校正弯曲的过程。可见,

自由弯曲与校正弯曲的弯曲力相差很大,在实际生产中常采用经验公式进行计算。

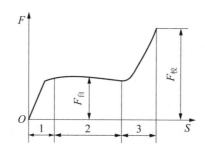

1—弹性弯曲阶段;2—自由弯曲阶段;3—校正弯曲阶段。
图 3-33　V 形件弯曲力变化曲线

3.5.1　自由弯曲时的弯曲力

V 形件弯曲力的公式为

$$F_{自} = \frac{0.6KBt^2\sigma_b}{r+t} \tag{3-8}$$

U 形件弯曲力的公式为

$$F_{自} = \frac{0.7KBt^2\sigma_b}{r+t} \tag{3-9}$$

式中,$F_{自}$ 为冲压行程结束时的自由弯曲力,N;K 为安全系数,一般取 $K=1.3$;B 为弯曲件的宽度,mm;t 为弯曲件材料厚度,mm;σ_b 为弯曲件的抗拉强度,MPa;r 为弯曲件的内弯曲半径,mm。

3.5.2　校正弯曲时的弯曲力

校正弯曲力的公式为

$$F_{校} = AP \tag{3-10}$$

式中,$F_{校}$ 为校正弯曲力,N;A 为校正部分的垂直投影面积,mm^2;P 为单位面积上的校正力,MPa,其值如表 3-10 所示。

表 3-10　单位面积上的校正力 p　　　　　　　　　　　　　(单位:MPa)

材料	材料厚度 t/mm		材料	材料厚度 t/mm	
	≤3	>3~10		≤3	>3~10
铝	30~40	50~60	10、20 钢	80~100	100~120
黄铜	60~80	80~100	25、35 钢	100~120	120~150

3.5.3　顶件力或压料力

当弯曲模设有顶件装置或压料装置时,其顶件力 F_D(或压料力 F_Y)可以近似取自由弯曲

力的 $30\% \sim 80\%$，即：

$$F_D（或 F_Y）=（0.3-0.8）F_自 \tag{3-11}$$

3.5.4 弯曲时压力机吨位的确定

对于有压料的自由弯曲，压力机公称压力为

$$F_g \geqslant （1.2 \sim 1.3）（F_自 + F_Y） \tag{3-12}$$

对于校正弯曲，因校正弯曲力比压料力或顶件力大得多，故一般可忽略压料力或顶件力，公称压力按校正弯曲力来计算，即

$$F_g \geqslant （1.2 \sim 1.3）F_校 \tag{3-13}$$

3.6 弯曲件的工序安排

弯曲件的工序安排与工件的形状、尺寸、公差等级以及材料的性能密切相关。弯曲工序安排是否合理，会直接影响工件的质量、生产效率以及模具结构。工序安排可能有多种方案，需要进行对比分析后确定，应尽量做到工序道数少，满足零件图纸的技术要求，模具结构简单、使用寿命长且操作方便。在实际生产中，可以采取单工序弯曲模，也可以采取复合模或多工位级进弯曲模。

3.6.1 弯曲件工序安排原则

(1) 对于形状简单的弯曲件，如 V 形、U 形和 Z 形件等，可以采用一次弯曲成形；对于形状较复杂的弯曲件，一般要采用两次或多次弯曲成形。

(2) 对于批量大而尺寸小的弯曲件，应尽可能使用复合模或级进模成形，这样有利于弯曲件的定位及工人操作方便、安全，并保证弯曲件的准确性。

(3) 需要多次弯曲时，一般先弯两端部分的外角，后弯中间部分的内角。前次弯曲必须考虑后次弯曲有可靠的定位，后次弯曲不影响前次已成形的部分。

(4) 当弯曲件的形状不对称时，为避免压弯时坯料偏移，应尽量先采用对称弯曲，然后再切成两件。

3.6.2 典型弯曲件的工序安排

一道工序弯曲成形的示例如图 3-34 所示。

图 3-34 一道工序弯曲成形

两道工序弯曲成形的示例如图 3-35 所示。

三道工序弯曲成形的示例如图 3-36 所示。

四道工序弯曲成形的示例如图 3-37 所示。

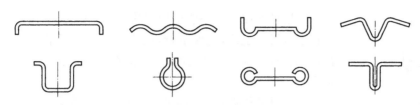

图 3-35 两道工序弯曲成形

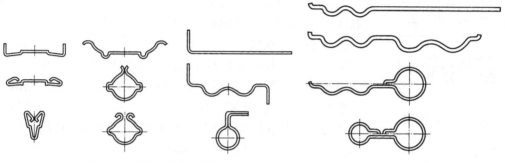

图 3-36 三道工序弯曲成形   图 3-37 四道工序弯曲成形

3.7 弯曲模典型结构

3.7.1 单工序弯曲模

1. V 形件弯曲模

V 形件形状简单,能一次弯曲成形。V 形件的弯曲方法有两种:一种是沿弯曲件的角平分线方向弯曲,称为 V 形弯曲;另一种是垂直于弯曲件一直边方向弯曲,称为 L 形弯曲。

图 3-38(a)所示为简单的 V 形件弯曲模,其特点是结构简单、通用性好,但弯曲时坯料容易偏移,影响零件精度;图 3-38(b)~图 3-38(d)分别为带有定位尖、顶杆、V 形顶板的模具结构,可以防止坯料滑动,提高零件精度;图 3-38(e)所示为 L 形弯曲模,顶板及定位销可以有效防止弯曲时坯料的偏移,反侧压块的作用是克服上、下模之间水平方向的错移力,同时也对顶板的运动起导向作用。

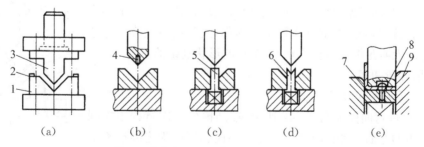

(a)   (b)   (c)   (d)   (e)

1—凹模;2—定位板;3 凸模;4—定位尖;5—顶杆;
6—V 形顶板;7—顶板;8—定位销;9—反侧压块。

图 3-38 V 形件弯曲模的基本结构形式

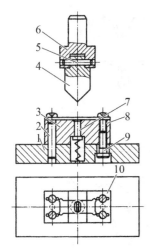

1—下模座；2、5—圆柱销；3—凹模；4—凸模；6—模柄；7—顶杆；8、9—螺钉；10—定位板。

图 3-39 V 形件弯曲模

V 形件弯曲模的一般结构如图 3-39 所示。工作时首先将毛坯放在定位板中定位，上模下行，凸模 4 与顶杆 7 将坯料压紧一起下行，对板料进行弯曲，回程时，顶杆 7 在弹簧的作用下将弯曲件向上顶出。

该模具的优点是结构简单，在压力机上安装及调整方便。对材料厚度的公差要求不严，工件在冲程末端得到不同程度的校正，因而回弹较小，工件的平面度较好。顶杆 7 既起到顶料作用，又起到压料作用，可防止材料的偏移，适合于一般 V 形件的弯曲。

2. L 形件弯曲模

图 3-40(a) 所示为 L 形件弯曲模的基本结构。弯曲件直边长的一边夹紧在凸模 2 与压料板 4 之间，另一边沿凹模 1 圆角滑动而向上弯起。毛坯上的工艺孔套在定位销 3 上，以防止因凸模与压料板之间的压料力不足而产生坯料偏移现象。这种弯曲因弯曲件竖直边部分没有得到校正，所以回弹较大。

图 3-40(b) 所示为有校正作用的 L 形件弯曲模。由于凹模 1 和压料板 4 的工作面有一定的倾斜角，因此，弯曲件竖直边也能得到一定的校正，弯曲后工件的回弹较小，倾角 α 一般为 $5° \sim 10°$。

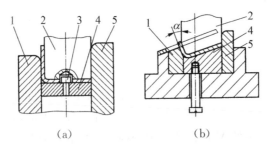

(a)　　　　　(b)

1—凹模；2—凸模；3—定位销；4—压料板；5—靠板。

图 3-40 L 形件弯曲模

图 3-41 所示为 V 形件精弯模，两活动凹模通过转轴铰接，弯曲前顶杆将转轴顶到最高位置，使两活动凹模位于一平面内，在弯曲工件过程中，毛坯与凹模始终保持大面积接触，毛坯在活动凹模上不产生相对滑动和偏移，因此弯曲件表面不会损伤，工件质量较高。它适用于弯曲毛坯没有足够的定位支承面、窄长的形状复杂的工件。

3. U 形件弯曲模

1）一般 U 形件弯曲模

一般 U 形件弯曲模如图 3-42 所示，在凸模的一次行程中能同时完成两个角的弯曲。冲压时毛坯被压在凸模和压料板之间逐渐下降，两端未被压住的材料沿凹模圆角滑动并弯曲，进入凸模与凹模的间隙。当凸模回升时，压料板将工件顶出，由于材料的回弹，工件一般不会包在凸模上。

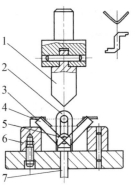

1—凸模；2—支架；3—定位板；4—活动凹模；5—转轴；6—支承板；7—顶杆。

图 3-41 V 形件精弯模

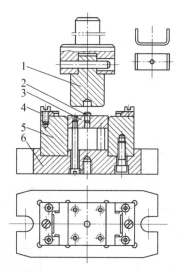

1—凸模；2—定位销；3—顶板；4—定位板；5—凹模；6—下模座。

图 3 - 42　U 形件弯曲模具结构

当 U 形件的尺寸要求较高时，可将弯曲模的工作零件做成活动结构，图 3 - 43(a)所示为凸模的活动结构，可用于外侧尺寸要求较高的弯曲模，图 3 - 43(b)所示为凹模的活动结构，可用于内侧尺寸要求较高的工件。

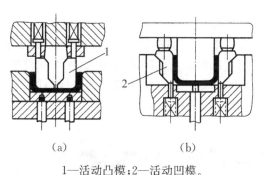

（a）　　　　　　　　（b）

1—活动凸模；2—活动凹模。

图 3 - 43　弯曲模活动结构

2）闭角 U 形件弯曲模

图 3 - 44 所示为弯角小于 90°的闭角 U 形件弯曲模，压弯时凸模首先将坯料弯成 U 形，凸模继续下压，两侧的回转凹模使坯料最后压弯成弯曲角小于 90°的制件。凸模上升，弹簧使转动凹模复位，U 形件则由垂直于图面方向从凸模上卸下。

如图 3 - 45 所示为带斜楔的闭角弯曲模。毛坯首先在凸模的作用下被压成 U 形件。随着上模座继续向下移动，弹簧被压缩，装于上模座上的两块斜楔压向滚柱，使装有滚柱的活动凹模块分别向中间移动，将 U 形件两侧边向里弯成小于 90°。当上模座回程时，活动凹模块在弹簧作用下复位。此结构开始是靠弹簧的弹力将毛坯弯成 U 形件的，由于弹簧弹力的限制，只适用于弯曲薄料。

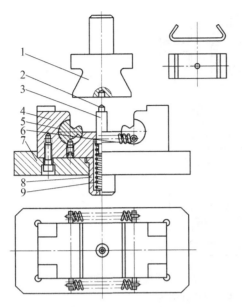

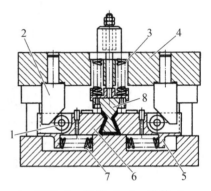

1—凸模；2—定位销；3—顶杆；4—凹模；
5—凹模镶件；6—拉簧；7—下模座；8—弹
簧座；9—弹簧。

图 3-44　弯角小于 90°的 U 形件闭角弯曲模

1—滚柱；2—斜楔；3、7—弹簧；4—
上模座；5、6—活动凹模；8—凸模。

图 3-45　带斜楔的闭角弯曲模

4. 四角形件弯曲模

1）四角形件一次成形弯曲模

图 3-46(a)所示为四角形件一次弯曲成形最简单的模具结构,在弯曲过程中由于凸模肩部妨碍了坯料的转动,坯料通过凹模圆角的摩擦力增大,使弯曲件侧壁容易被擦伤和变薄,同时弯曲件两肩部与底面不易平行,如图 3-46(b)所示,当板料厚、弯曲件直壁高、圆角半径小时,这一现象更为严重,如图 3-46(c)所示。

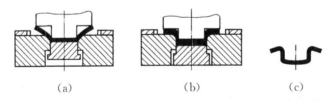

(a)　　　　　　　(b)　　　　　　　(c)

图 3-46　四角形件一次成形弯曲模

2）四角形件两次成形弯曲模

四角形件采用两道弯曲工艺、两副模具成形。先将毛坯放在图 3-47(a)所示的弯曲模中弯成 U 形,然后再将 U 形毛坯放在图 3-47(b)所示的弯曲模中弯成四角形件。为了保证弯内角时凹模有足够的强度,弯曲件高度 H 应大于 $(12\sim15)t$(t 为料厚)。

3）四角形件两次弯曲复合模

四角形件两次弯曲复合模如图 3-48 所示,毛坯放在凹模面上,由定位板进行定位。开始弯曲时,凸凹模 1 将毛坯首先弯成 U 形,如图 3-48(a)所示,随着凸凹模 1 继续下降,到行程终了时将 U 形工件压成四角形,如图 3-48(b)所示。

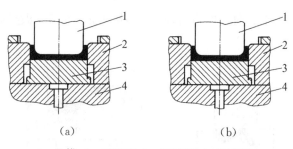

1—凸模；2—压料板；3—压料板；4—下模座。

图 3-47　四角形件两次成形弯曲模

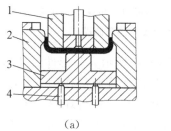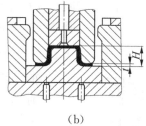

1—凸凹模；2—凹模；3—活动凸模；4—顶杆。

图 3-48　四角形件两次弯曲复合模

如图 3-49 所示为带摆动块弯曲复合模，其先弯曲内侧两角，而后弯曲外侧两角。板料放在凸模 5 的顶面上，通过两侧的挡板进行定位。当凹模 6 下降时，利用弹顶器的弹力弯出工件的两个内角，使毛坯弯成 U 形。凹模继续下降，凹模底部迫使凸模压缩弹顶器向下运动。这时铰接在凸模侧面的一对摆块 4 向外摆动，从而完成两外角的弯曲。

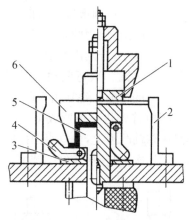

1—推件板；2—挡板；3—垫板；4—摆块；5—凸模；6—凹模。

图 3-49　带摆块四角形件分步弯曲模

5. Z 形件弯曲模

图 3-50(a)所示为简易的 Z 形件弯曲模，一次弯曲成形。这种模具结构简单，但由于没有压料装置，压弯时坯料容易滑动，只适用于精度要求不高的零件。

设置有顶板和定位销的 Z 形件弯曲模能有效地防止坯料偏移，如图 3-50(b)所示。侧压块的作用是平衡上下模水平方向的作用力,同时也能为顶板的运动做导向,适用于精度要求较高的零件。

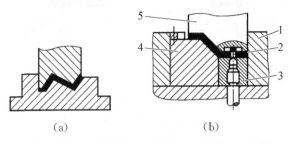

1—侧压块;2—定位销;3—顶板;4—凹模;5—凸模。

图 3-50　简易的 Z 形件弯曲模

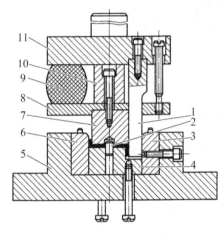

1—凸模;2—定位销;3—反侧压块;4—顶板;5—下模座;6—凹模;7—凸模;8—凸模托板;9—橡胶;10—压块;11—上模座。

图 3-51　Z 形件活动凸模的弯曲模

图 3-51 所示为 Z 形件活动凸模的弯曲模。工作前,活动凸模在橡胶的作用下与凸模端面平齐。工作时,活动凸模与顶板将坯料夹紧,通过凸模托板、橡胶的传导,推动顶板下移使坯料左端弯曲。当顶板与下模座接触后,橡胶受到压力的作用而压缩,凸模相对于活动凸模下移将坯料右端弯曲成形,当压块与上模座相碰时,整个弯曲件得到了校正。

6. 圆形件弯曲模

圆形件的尺寸大小不同,其弯曲方法也不同,一般按直径大小分为小圆形件弯曲和大圆形件弯曲两种。

1) 直径 $d \leqslant 5$ mm 的小圆形件

小圆形件的弯曲方法一般是先弯成 U 形,再弯成圆形,使用两副简单的模具,如图 3-52 所示。由于工件小,分两次弯曲操作不便,也可采用图 3-53 所示的小圆一次弯曲模,它适用于软材料和中小直径圆形件的弯曲。毛坯由下凹模定位,上凹模下行,压料板压住支架下行,从而带动芯轴凸模与下凹模首先将毛坯弯成 U 形。上凹模继续下行,将工件最后弯曲成圆形。上凹模回程,工件留在芯轴凸模上,由垂直图面的方向从芯轴凸模上取出。当工件精度要求较高时,可旋转工件连冲几次,以获得较好的圆度。

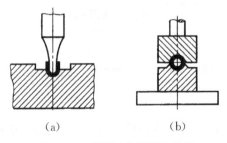

图 3-52　小圆形件两次弯曲模

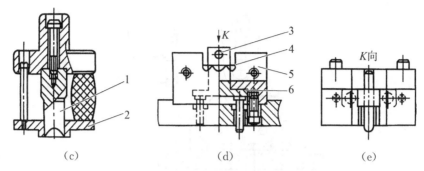

1—上凹模；2—压料板；3—芯轴凸模；4—坯料；5—下凹模；6—支架。

图 3-53 小圆一次弯曲模

2）直径 $d \geq 20\,\text{mm}$ 的大圆形件

图 3-54 所示为大圆形件二次弯曲模，先将毛坯预弯成 3 个 120°的波浪形，然后再弯成圆筒形。弯曲完毕后，工件套在凸模 3 上，可沿凸模轴向取出工件。

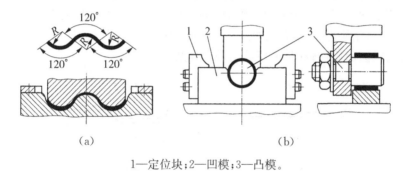

1—定位块；2—凹模；3—凸模。

图 3-54 大圆形件二次弯曲模

(a)首次弯曲模；(b)二次弯曲模

图 3-55 所示为大圆形件三次弯曲模，首先将板料两端预弯成 1/4 圆弧，如图 3-55(a)所示，再将半成品弯成大的半圆，如图 3-55(b)所示，最后弯曲成整圆，如图 3-55(c)所示。这种模具生产效率低，适用于材料较厚的零件卷圆。

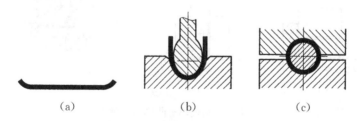

图 3-55 大圆形件三次弯曲模

(a)首次弯曲模；(b)二次弯曲模；(c)三次弯曲模

图 3-56 所示为带摆动凹模的一次弯曲成形模。芯棒凸模下行，先将坯料压成 U 形。凸模继续下行，摆动凹模将 U 形弯成圆形。弯好后的工件沿芯棒凸模轴线方向推开支承杆取下。这种弯曲模生产效率高，但由于弯曲件上部得不到校正，回弹较大，在工件接缝处留有缝隙和少量的直边，所以弯曲件精度差，模具结构也比较复杂。

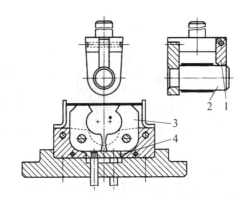

1—支承杆；2—芯棒凸模；3—摆动凹模；4—顶板。

图 3-56   带摆动凹模的一次弯曲模图

7. 铰链弯曲模

图 3-57 所示为常见的两种铰链件结构形式和弯曲工艺安排。铰链卷圆工艺一般采用推圆法。坯料预弯如图 3-58(a)所示，将预弯后的工件放置在终弯模中卷圆；图 3-58(b)所示为立式卷圆模，模具结构简单，操作方便；图 3-58(c)所示为卧式卷圆模，该模具中设有压料装置，防止工件回弹，因而质量较好，但模具结构较复杂。

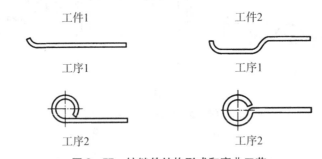

图 3-57   铰链件结构形式和弯曲工艺

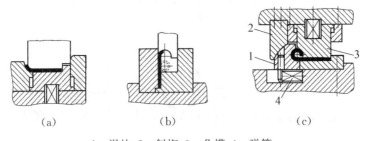

1—滑块；2—斜楔；3—凸模；4—弹簧。

图 3-58   铰链弯曲模

(a)坯料预弯；(b)立式卷圆模；(c)卧式卷圆模

8. 其他形状弯曲模

1）带摆动凸模弯曲模

图 3-59 所示为带摆动凸模弯曲模。毛坯放置在凹模上定位。当上模下行时，压料杆将毛坯压紧在凹模上，上模继续下行，摆动凸模沿凹模的斜槽运动，将工件压弯成形。

2) 滚轴式弯曲模

图 3-60 所示为滚轴式弯曲模。上模下行，凸模 1 和凹模 3 将定位板上的坯料先弯成 U 形，然后进入滚轴凹模 4 的槽中，从而弯曲成所需的工件。上模回程，滚轴在弹簧的作用下回转，工件随着上模一起上行，然后将工件由前向后推出，取出工件。

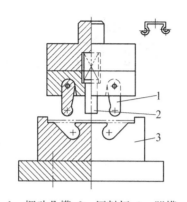 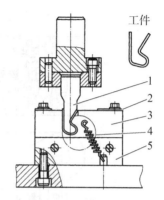

1—摆动凸模；2—压料杆；3—凹模。

图 3-59　带摆动凸模弯曲模

1—凸模；2—定位板；3—凹模；4—滚轴凹模；5—挡板。

图 3-60　滚轴式弯曲模

3) 摆动凹模弯曲模

图 3-61 所示为摆动凹模弯曲模，可以弯曲多个角的工件。坯料置于摆动凹模上，由定位板定位。上模下行，与摆动凹模将板料一次弯曲而成所需的工件。上模上行，摆动凹模在顶杆的作用下向上摆动，完成出件任务。

3.7.2　级进弯曲模

对于批量较大、尺寸较小的弯曲件，为了提高生产率和操作安全性，保证产品质量，可以采用连续弯曲的级进模进行多工位的冲裁、弯曲、切断等工艺成形。图 3-62(a)所示的零件，采用如图 3-62(b)所示成形工艺，共有四个工位，第一工位冲两端孔及槽，第二工位冲中间孔，第三个工位为空位，第四个工位为切断、弯曲成形。

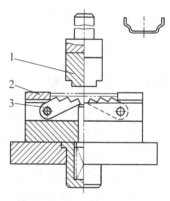

1—凸模；2—定位板；3—摆动凹模。

图 3-61　摆动凹模弯曲模

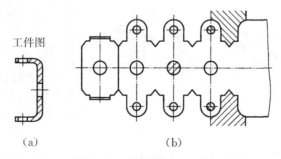

工件图

(a)　　　　　(b)

图 3-62　级进模成形工艺

图 3 - 63 所示为冲孔、切断和弯曲级进模。条料以导料板导向并从刚性卸料板下面送至挡块右侧定位。上模下行时,凸凹模将条料切断并随即将所切断的坯料压弯成形。与此同时,用冲孔凸模在条料上冲孔。上模回程时,卸料板卸下条料,顶件销在弹簧的作用下推出零件,获得侧壁带孔的 U 形弯曲件。

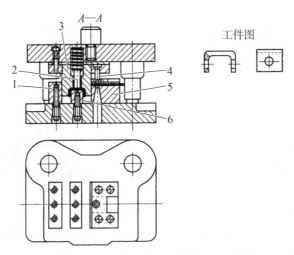

1—冲孔凹模;2—冲孔凸模;3—凸凹模;4—顶件销;5—挡块;6—弯曲凸模。

图 3 - 63　冲孔、切断、弯曲级进弯曲模

3.7.3　复合弯曲模

对于尺寸不大,精度要求较高的弯曲件,也可以采用复合模进行弯曲,即在压力机一次行程内,在模具同一位置上完成落料、弯曲、冲孔等几种不同工序。

图 3 - 64(a)所示为 Z 形件切断、弯曲复合模的结构简图;图 3 - 63(b)所示为 U 形件切断和弯曲复合模的结构简图,这类模具结构简单,但工件精度较低。

图 3 - 64(c)所示为 Z 形件切断、冲孔和弯曲复合模的结构简图。该模具在一个工位上同时完成切断、弯曲和冲孔三个工序。弯曲力由上模中弹簧的弹力来完成,因而弹簧力必须大于

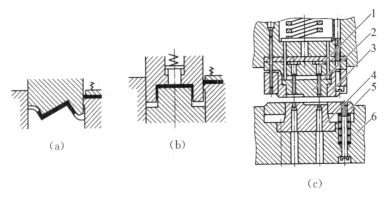

1—冲孔凸模;2—弯曲凸模;3—落料凹模;4—凸凹模;5—卸料板;6—下模座。

图 3 - 64　复合弯曲模

弯曲力。该模结构紧凑,工件精度高,但凸凹模修磨困难。

3.8　弯曲模工作零件设计

3.8.1　弯曲模工作部分结构参数确定

弯曲模工作部分的结构及尺寸如图 3-65 所示。

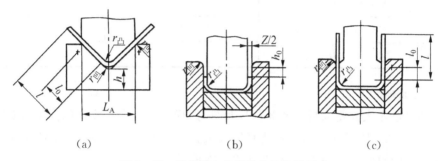

$$(a) \qquad\qquad (b) \qquad\qquad (c)$$

图 3-65　弯曲模工作部分的结构及尺寸

1. 凸模圆角半径

当弯曲件的相对弯曲半径 r/t 较小时,且不小于最小相对弯曲半径时,凸模圆角半径等于弯曲件的圆角半径;若 r/t 小于最小相对弯曲半径,则可将工件先弯成较大的圆角半径,然后再采用整形工序进行整形。

当弯曲件的相对弯曲半径 $r/t > 10$ 时,且精度要求较高时,凸模圆角半径应根据回弹值做相应的修正。

2. 凹模圆角半径

凹模圆角半径不能过小,否则弯矩的力臂减小,毛坯沿凹模圆角滑进时阻力增大,从而增加弯曲力,并使制件表面擦伤,影响模具寿命。对称弯曲件两边的凹模圆角半径应一致,否则弯曲时坯料会产生偏移。

在实际生产中,凹模圆角半径通常根据材料厚度选取:当 $t \leqslant 2\,\mathrm{mm}$ 时,$r_凹 = (3 \sim 6)t$;当 $2\,\mathrm{mm} < t \leqslant 4\,\mathrm{mm}$ 时,$r_凹 = (2 \sim 3)t$;当 $t > 4\,\mathrm{mm}$ 时,$r_凹 = 2t$。

对于 V 形件凹模,其底部可开退刀槽,或取 $r_凹 = (0.6 \sim 0.8)(r_凸 + t)$。

3. 凹模深度

当凹模深度 l_0 过小时,则工件两端的自由部分过长,工件回弹大并且不平直。但当 l_0 过大时,则浪费模具材料,且需较大行程的压力机。

1) V 形弯曲模

凹模深度 l_0 以及底部最小厚度 h 可由表 3-11 查出,但应保证凹模开口宽度 L_A 的取值不能大于弯曲件展开长度的 4/5,如图 3-65(a)所示。

表 3 - 11 弯曲 V 形件的凹模深度 l_0 及底部最小厚度 h （单位：mm）

弯曲件边上 l	材料厚度					
	$\leqslant 2$		$2\sim4$		>4	
	l_0	h	l_0	h	l_0	h
$10\sim25$	$10\sim15$	20	15	22	—	—
$25\sim50$	$15\sim20$	22	25	27	30	32
$50\sim75$	$20\sim25$	27	30	32	35	37
$75\sim100$	$25\sim30$	32	35	37	40	42
$100\sim150$	$30\sim35$	37	40	43	50	47

2）U 形弯曲模

对于弯边高度不大或要求两边平直的 U 形件，凹模深度应大于零件的高度，图 3 - 65(b) 中 h_0 的取值如表 3 - 12 所示。对于弯边高度较大且平直度要求不高的 U 形件，可以采用图 3 - 65(c)所示的凹模形式，凹模深度 l_0 如表 3 - 13 所示。

表 3 - 12 弯曲 U 形件凹模的 h_0 值 （单位：mm）

材料厚度 t	$\leqslant 1$	$1\sim2$	$2\sim3$	$3\sim4$	$4\sim5$	$5\sim6$	$6\sim7$	$7\sim8$	$8\sim10$
h_0	3	4	5	6	8	10	15	20	25

表 3 - 13 弯曲 U 形件的凹模深度 l_0 （单位：mm）

弯曲件边长 l	材料厚度 t				
	$\leqslant 1$	$1\sim2$	$2\sim4$	$4\sim6$	$6\sim10$
<50	15	20	25	30	35
$50\sim75$	20	25	30	35	40
$75\sim100$	25	30	35	40	40
$100\sim150$	30	35	40	50	50
$150\sim200$	40	45	55	65	65

4. 凸、凹模间隙

对于 V 形件，凸模和凹模之间的间隙是通过调节压力机的装模高度来控制的，设计时可不予考虑。对于 U 形件，凸模和凹模之间的间隙对弯曲件的回弹、表面质量和弯曲力都有很大的影响。间隙过小，会使工件弯边厚度变薄，降低凹模寿命，增大弯曲力；间隙过大，弯曲件回弹增大，降低工件精度。U 形弯曲件凸模和凹模单边间隙的计算公式为

$$Z/2 = t_{max} + kt = t + \Delta + kt \qquad (3-14)$$

式中，$Z/2$ 为弯曲模凸模和凹模的单面间隙，mm；t_{max} 为材料最大厚度，mm；t 为材料厚度公称尺寸，mm；Δ 为材料厚度的上偏差，mm；k 为间隙系数，如表 3 - 14 所示。

表 3-14　U 形件弯曲凸模和凹模间隙系数　　　　　　　　　　（单位:mm）

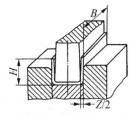

弯曲件的 高度 H/mm	材料厚度 t/mm								
	<0.5	0.6~2	2.1~4	4.1~7.5	<0.5	0.6~2	2.1~4	4.1~7.5	7.6~12
	弯曲件的宽度 $B \leqslant 2H$				弯曲件的宽度 $B \geqslant 2H$				
10	0.05	0.05	0.04	—	0.10	0.10	0.08	—	—
20	0.05	0.05	0.04	0.03	0.10	0.10	0.08	0.06	0.06
35	0.07	0.05	0.04	0.03	0.15	0.10	0.08	0.06	0.06
50	0.10	0.07	0.05	0.04	0.20	0.15	0.10	0.10	0.06
75	0.10	0.07	0.05	0.05	0.20	0.15	0.10	0.10	0.08
100	—	0.07	0.05	0.05	—	0.15	0.110	0.10	0.08
150	—	0.10	0.07	0.05	—	0.20	0.15	0.10	0.10
200	—	0.10	0.07	0.07	—	0.20	0.15	0.15	0.10

当工件精度要求较高时,其间隙值应适当减小,取 $Z/2 = t$。

5. U 形件弯曲凸模、凹模横向尺寸的计算

U 形件弯曲凸模、凹模横向尺寸计算与工件尺寸的标注有关。一般原则是:工件标注外形尺寸时模具以凹模为基准件,间隙取在凸模上,如图 3-66(b)所示;工件标注内形尺寸时,模具以凸模为基准件,间隙取在凹模上,如图 3-66(c)所示。

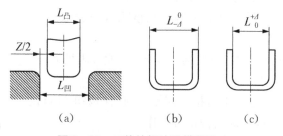

图 3-66　工件的标注及模具尺寸

(1) 当工件标注外形尺寸时,凸、凹模横向尺寸为

$$L_{凹} = (L_{max} - 0.75\Delta)_{0}^{+\delta_{凹}} \tag{3-15}$$

$$L_{凸} = (L_{凹} - Z)_{-\delta_{凸}}^{0} \tag{3-16}$$

（2）当工件标注内形尺寸时，凸、凹模横向尺寸为

$$L_凸 = (L_{min} + 0.75\Delta)_{-\delta_凹}^{\quad 0} \qquad (3-17)$$

$$L_凹 = (L_凸 + Z)_{\quad 0}^{+\delta_凹} \qquad (3-18)$$

式中，L_{max} 为弯曲件横向的最大尺寸，mm；L_{min} 为弯曲件横向的最小尺寸，mm；$L_凸$ 为凸模横向尺寸，mm；$L_凹$ 为凹模横向尺寸，mm；Δ 为弯曲件横向的尺寸公差，mm；$\delta_凸$、$\delta_凹$ 为凸模、凹模的制造偏差，mm。可采用 IT7～IT9 级精度，一般凸模精度比凹模精度高一级。

3.8.2　斜楔、滑块设计

一般的冲压加工为垂直方向，当需要实现冲压方向与垂直方向呈一定角度时，应采用斜楔

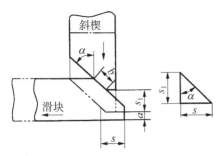

图 3-67　滑块的水平运动

机构，即通过斜楔机构将压力机滑块的垂直运动转化为凸、凹模的水平运动或倾斜运动，从而进行弯曲、切边、冲孔等工序的加工。本节以滑块水平方向运动情况为例加以介绍。

1. 斜楔、滑块之间的行程关系

确定斜楔的角度主要考虑机械效率、行程和受力状态。斜楔作用下滑块的水平运动如图 3-67 所示，斜楔的有效行程 S_1 一般应大于滑块行程 S。α 为斜楔角，一般取 40°，为了增大滑块行程，可以取 α 为 45°或 60°，α 与 S/S_1 的对应关系如表 3-15 所示。

表 3-15　α 与 S/S_1 的对应关系

α	30°	40°	45°	50°	55°	60°
S/S_1	0.5773	0.8391	1.0000	1.1917	1.4281	1.732

2. 斜楔、滑块的尺寸设计

（1）如图 3-68 所示，滑块的长度尺寸 L_2，应保证当斜楔开始推动滑块时，推力的合力作用线处于滑块的长度之内。

（2）合理的滑块高度 H_2，应小于滑块长度 L_2，一般取 L_2：$H_2 = (1～2) : 1$。

（3）为了保证滑块运动平稳，滑块的宽度 B_2 一般应满足 $B_2 \leqslant 2.5L_2$。

（4）斜楔尺寸 H_1、L_1 基本上可按不同模具的结构要求进行设计，但必须有可靠的挡块，以保证斜楔正常工作。

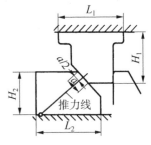

图 3-68　斜楔、滑块的尺寸关系

3. 斜楔、滑块的结构

斜楔、滑块的结构如图 3-69 所示。斜楔、滑块应设置复位机构，一般采用弹簧复位，有时也采用气缸等装置。

斜楔模应设置后挡块，在大型斜楔模上也可以把后挡块与模座铸成整体。当滑动面单位面积的压力超过 50 MPa 时，应设置防磨板，以提高使用寿命。

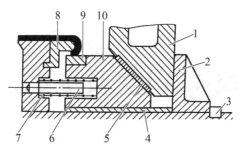

1—斜楔；2—挡块；3—键；4、5—防磨板；6—导销；7—弹簧；8、9—镶块；10—滑块。

图 3-69　斜楔、滑块的结构

拓展：U 形件弯曲模设计　　　　　思考与练习三

第**4**章

拉深成形工艺及模具设计

4.1 拉深变形

4.1.1 拉深变形过程及特点

直径为 D、厚度为 t 的圆形平面板料经过拉深后,形成内直径为 d、高度为 h 的筒形开口空心件(见图 4-1)。其变形过程如下:随着凸模的下行,凸模底部压在中间的毛坯上,板料在凸模压力的作用下,顺着凹模的圆角,被不断拉进凸模与凹模的间隙中形成圆筒直壁;留在凹模端面上的毛坯外径不断缩小,而处于凸模底部材料则成为拉深件的底,当板料全部被拉进凸模与凹模间隙时,拉深过程结束,平板毛坯就变成具有一定直径 d 和高度 h 的开口空心件。与冲裁工序相比,拉深模的不同之处是拉深凸模和凹模的工作部分没有锋利的刃口,而是分别有一定的圆角半径,且凸、凹模之间的间隙 Z 稍大于板料厚度 t。

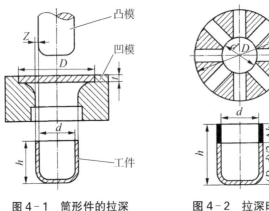

图 4-1 筒形件的拉深　　　图 4-2 拉深时材料的转移

圆形平板毛坯被拉成筒形件时,材料的转移情况如图 4-2 所示。若将平板毛坯的阴影部分扇形切去,把留下部分的狭条沿着直径为 d 的圆周弯折过来,再把它们加以焊接,就可以做成一个高度 $(D-d)/2$ 的筒形工件。但是,在实际的拉深过程中,并没有把这"多余扇形材料"切掉,由此可见,这部分材料在拉深过程中已产生塑性流动而转移了,使得拉深后工件的高度增加了 Δh,所以 $h > (D-d)/2$,工件壁厚也略有增加。

4.1.2 拉深变形过程应力应变状态

拉深过程是一个比较复杂的塑性变形过程。为了更深刻地认识拉深过程,了解拉深过程所发生的各种现象,有必要分析拉深过程中材料各部分的应力、应变状态。

如图 4-3 所示为在压边圈作用下,毛坯各部分在拉深过程中的某一时刻所处的状态。图中,σ_1、ε_1 分别表示毛坯的径向应力与应变;σ_2、ε_2 分别表示毛坯的厚度方向应力与应变;σ_3、ε_3 分别表示毛坯的切向应力与应变。

根据拉深过程中零件应力、应变状态的不同,可将拉深毛坯划分为五个区域。

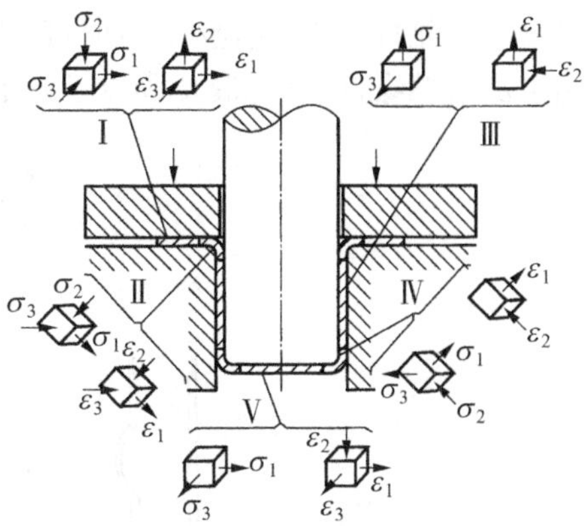

图 4-3　拉深过程中的零件应力与应变状态

1. 平面凸缘部分

该部分材料径向受拉应力 σ_1、切向受压应力 σ_3 作用,使材料有向上翘的趋势。切向压应力过大,凸缘失去稳定,易发生折皱,即起皱现象。

2. 凹模圆角部分

该部分是凸缘进入筒壁的过渡变形区。变形区材料径向受拉产生拉应力 σ_1 和径向拉应变 ε_1,切向受压产生压应力 σ_3 和切向压应变 ε_3,在拉应力和压应力作用下,使得板料变薄;同时,由于承受凹模圆角压力以及弯曲作用而产生压应力 σ_2,凹模圆角越小,弯曲变形越大。

3. 筒壁部分

筒壁部分属于已变形区和传力区。将凸模的拉深力传递到凸缘,受到单向拉深,当拉应力超过材料的强度极限时即发生破裂。因流入多余材料的堆积而使筒壁上端材料变厚,下端变薄。越接近底部,变薄越厉害。

4. 凸模圆角部分

凸模圆角部分是过渡变形区。它承受筒壁传来的拉应力,并受到凸模的压力。靠近圆角稍向上处的材料变薄最为严重,是危险断面。在实际生产中,常在此处开裂而造成废品。

5. 筒底部分

筒底部分变形区受双向平面拉深作用,产生拉应力 σ_1 和 σ_3,应变为平面方向的拉应变 ε_1 和 ε_3 以及板厚方向的压应变 ε_2。由于受凸模圆角处摩擦的制约,筒底材料的应力与应变均不大,拉深前、后的厚度变化较小,一般只有 $1\%\sim3\%$,因此可以忽略不计。

4.2　拉深件的质量问题及控制

由以上分析可知,拉深时,毛坯各部分的应力与应变状态不同,而且随着拉深过程的进行还会变化。这就会导致制件在拉深过程会出现凸缘变形区起皱、筒壁传力区的拉裂、材料的厚度变化不均匀和材料硬化不均匀等质量问题。

4.2.1　起皱

如图 4-4 所示,当凸缘部分变形区承受的切向压应力较大而板料又较薄时,凸缘部分材料便会失去稳定而在凸缘的整个周围产生波浪形的连续弯曲,这种现象被称为起皱。材料越薄,越容易起皱,起皱取决于凸缘区板料本身抵抗失稳的能力。凸缘宽度越大,厚度越薄,材料弹性模量和硬化模量越小,抵抗失稳能力越小。同时,起皱也取决于切向压应力 σ_3 的大小,σ_3 越大,越容易失稳起皱。由于 σ_3 在凸缘的外边缘最大,所以起皱首先在凸缘最外缘出现。起皱是拉深时的主要质量问题之一。

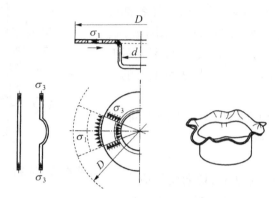

图 4-4　拉深时的起皱现象

正常拉深时起皱是不允许的,对于高度小、厚度大的零件,起皱不大,通过模壁可以碾平材料,使其沿纵向移动而增加零件高度。起皱大的毛坯很难通过凸模、凹模间隙而进入凹模,且易使毛坯承受过大的拉力而断裂。即使勉强把已经起皱的毛坯拉入凹模,此时起皱的痕迹也会保留下来,因而得不到光洁的零件表面。同时,模具也会因为磨损而降低寿命。

对于圆筒形拉深件,可以通过利用压边圈的压力来压紧凸缘部分的材料,防止起皱。但压边力应合适,太小仍然会起皱,太大则会拉裂。是否采用压边圈可根据表 4-1 来确定。

表 4-1　采用或不采用压边圈的条件

拉深方法	第一次拉深		以后各次拉深	
	t/D /%	m_1	t/d_{n-1} /%	m_n
使用压边圈	<1.5	<0.6	<1	<0.8
可用、可不用压边圈	1.5~2.0	0.6	1~1.5	0.8
不用压边圈	>2.0	>0.6	>1.5	>0.8

注:t/D 表示毛坯相对厚度;D 表示毛坯直径;t 表示材料厚度;d_{n-1} 表示第 $n-1$ 道工序半成品直径。

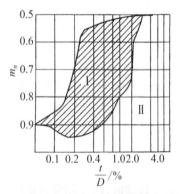

图 4-5　根据毛坯相对厚度和拉深系数确定是否采用压边圈

为了进行更准确的估计,还应考虑拉深系数的大小。如图 4-5 所示是根据毛坯相对厚度和拉深系数确定是否采用压边圈。其中在区域 I 内要采用压边圈,而在区域 II 内可以不采用压边圈。

4.2.2　拉裂及厚度变化

1. 拉裂产生的原因

如图 4-6 所示,经过拉深变形以后,圆筒形零件壁部的厚度与硬度都会发生变化。零件壁部与底部圆角连接处在拉深中一直受到拉力的作用,变薄最厉害,也是拉深最容易破裂的地方,即为拉深件最薄弱的断面,称为危险断面。当拉应力超过材料的强度极限时，就会从该断面拉破，这种现象称为拉裂（俗称"掉底"），如图4-7所示。在拉深件上部，由于挤走的材料较多，切向压应力σ_3大，所以厚度变厚，而且越靠近上部越厚，因为越靠近口部，转移到厚度方向的材料越多。在危险断面以下和底部，由于凸模圆角处及底部的摩擦力阻止材料变薄，所以厚度变化很微小，几乎没有变化。图4-8所示是某拉深件厚度变化的具体数值，其最大增厚量可以达到板厚的20%～30%，其最大变薄量可以达到板厚的10%～18%。

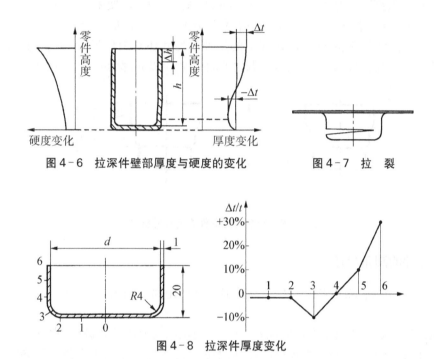

图4-6　拉深件壁部厚度与硬度的变化　　　　图4-7　拉　裂

图4-8　拉深件厚度变化

2. 防止拉裂的措施

防止危险断面拉裂的根本措施是减小拉深时的变形抗力。通常可根据板料的成形性能，选择合理的拉深系数，采用适当的压边力和较大的模具圆角半径，改善凸缘部分的润滑条件，增大凸模表面的粗糙度，选用拉深性能好的材料等措施来防止拉裂。

4.2.3　材料的硬度变化

拉深是一个塑性变形过程，随着塑性变形的产生，会引起材料的冷作硬化。由于材料的转移量在零件各个部分不一样，所以冷作硬化程度也不一样。在拉深件的上部挤走的材料较多，变形程度大，冷作硬化严重。往下则逐渐减小，到接近拉深件底部圆角处几乎没有多余的材料被挤走，该处冷作硬化最小，因此该处材料屈服极限也最低，强度最弱，这也是危险断面产生的又一个原因。拉深后材料发生硬化表现为材料的硬度和强度增加，塑性降低，使得后续变形困难。因此在实际生产中，有时在几道拉深工序中，需要对半成品零件进行退火处理，以降低其硬度，恢复其塑性以便于后续拉深的进行。

4.3　拉深件的工艺性

4.3.1　拉深件的结构与尺寸

（1）拉深件的形状应力求简单、对称，口部应允许稍有回弹，侧壁应允许有工艺斜度。筒壁部分的壁厚一般都有上厚下薄的现象，如不允许，则应注明，以便采取后续措施。

（2）一般不变薄拉深工艺的筒壁，最大增厚量为$(0.2\sim0.3)t$，最大变薄量为$(0.1\sim0.18)t$。

（3）设计拉深件时，应明确标注须保证的是外形尺寸还是内形尺寸，不能同时标注内、外形尺寸。带台阶的拉深件，其高度方向的尺寸标注一般应以底部为基准，如图 4-9(a)所示。

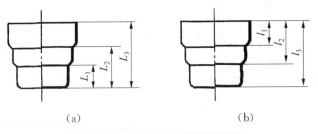

（a）　　　　　　　　　　（b）

图 4-9　带台阶拉深件高度尺寸标注

4.3.2　拉深件的圆角半径

（1）拉深件的底部或凸缘上有孔时，孔边到侧壁的距离应满足 $a\geqslant(r+0.5t)$ 或 $a\geqslant R+0.5t$。

（2）拉深件的底部的圆角半径应取 $r>t$。为使拉深变形能顺利进行，常取 $r=(3\sim5)t$。当 $r<t$ 时，应先以较大的圆角半径拉深，然后增加整形工序缩小圆角半径。每整形一次，r 可以缩小 1/2。

（3）凸缘圆角半径应满足 $R>2t$，一般取 $R=(4\sim8)t$。当 $R<2t$ 或 $R<0.5\,\mathrm{mm}$ 时，应增加整形工序。

（4）矩形拉深件直壁之间的转角半径应取 $r\geqslant3t$。为了减少拉深次数，应尽可能使 $r\geqslant0.2H$。

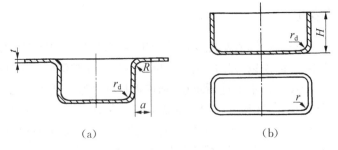

（a）　　　　　　　　　　（b）

图 4-10　拉深件的圆角半径

4.3.3　拉深件的精度要求

一般情况下，拉深件的尺寸精度应在 IT13 级以下，不宜高于 IT11 级。如果公差等级要求较高,可以采取整形工序来达到。拉深件的精度包括直径方向和高度方向的精度,在一般情况下,拉深件的精度不应超过表 4-2～表 4-4 中所列数值。

表 4-2　圆筒形拉深件径向尺寸的偏差值

板料厚度 t/mm	拉深件直径 d/mm			板料厚度 t/mm	拉深件直径 d/mm		
	≤50	50～100	>100～300		≤50	50～100	>100～300
0.5	±0.12	—	—	2.0	±0.40	±0.50	±0.70
0.6	±0.15	±0.20	—	2.5	±0.45	±0.60	±0.80
0.8	±0.20	±0.25	±0.30	3.0	±0.50	±0.70	±0.90
1.0	±0.25	±0.30	±0.40	4.0	±0.60	±0.80	±1.00
1.2	±0.30	±0.35	±0.50	5.0	±0.70	±0.90	±1.10
1.5	±0.35	±0.40	±0.60	6.0	±0.80	±1.00	±1.20

注:拉深件外形要求取正偏差,内形要求取负偏差。

表 4-3　圆筒形拉深件高度尺寸的偏差值

板料厚度 t/mm	拉深件高度 H/mm					附图
	≤18	18～30	30～50	50～80	80～120	
<1	±0.50	±0.6	±0.7	±0.9	±1.1	
1～2	±0.6	±0.7	±0.8	±1.0	±1.3	
2～3	±0.7	±0.8	±0.9	±1.1	±1.5	
3～4	±0.8	±0.9	±1.0	±1.2	±1.8	
4～5			±1.2	±1.5	±2.0	
5～6				±1.8	±2.2	

注:本表为不切边情况下所达到的数值。

表 4-4　带凸缘圆筒形拉深件高度尺寸的偏差值

板料厚度 t/mm	拉深件高度 H/mm					附图
	≤18	18～30	30～50	50～80	80～120	
<1	±0.3	±0.4	±0.5	±0.6	±0.7	
1～2	±0.4	±0.5	±0.6	±0.7	±0.8	
2～3	±0.5	±0.6	±0.7	±0.8	±0.9	
3～4	±0.6	±0.7	±0.8	±0.9	±1.0	
4～5			±0.9	±1.0	±1.1	
5～6				±1.1	±1.2	

注:本表为未经整形情况下所达到的数值。

4.3.4 拉深件的材料要求

用于拉深成形的材料应具有良好的拉深性能。材料的屈强比 σ_s/σ_b 越小,则屈服极限越低,变形区的切向压应力也相对较小,因此板料不容易起皱,拉深性能越好。此外,当材料厚向异性系数 r 大于 1 时,说明材料在宽度方向上的变形比厚度方向更容易,材料更易于沿平面流动,从而不易变薄和拉裂。因此,r 值越大,材料的拉深性能越好。

4.4 旋转体拉深件毛坯尺寸

4.4.1 拉深件坯料尺寸的计算原则

在拉深过程中,板料没有增减,只发生塑性变形。在变形过程中,板料是以一定的规律转移的,所以在确定毛坯形状与尺寸时应考虑以下因素。

(1)毛坯的形状应符合金属在塑性变形时的流动规律。其形状一般与拉深件周边形状相似。毛坯的周边应该是光滑的曲线而无急剧的转折,所以,对于旋转体来说,毛坯的形状是一块圆板,只要求出它的直径即可。

(2)拉深前后,拉深件与其毛坯的重量不变、体积不变。对于不变薄拉深,可假设变形过程中材料的厚度不变,则拉深前毛坯面积与拉深后零件的面积相等。

(3)在拉深过程中,受材料各向异性,凸、凹模之间间隙分布不均,板料自身厚度的波动,摩擦阻力的差异及坯料定位误差等因素的影响,拉深后的工件口部或凸缘周边不平齐,需要修边,因此必须增加制件的高度或凸缘的直径,增加部分即为修边余量。所以,毛坯尺寸应包括修边量。无凸缘拉深件的修边余量如表 4-5 所示,有凸缘拉深件的修边余量如表 4-6 所示。

表 4-5 无凸缘拉深件的修边余量 Δh

制件高度 h/mm	制件的相对高度 h/d				附图
	>0.5~0.8	>0.8~1.6	>1.6~2.5	>2.5~4	
≤10	1.0	1.2	1.5	2.0	
10~20	1.2	1.6	2.0	2.5	
20~50	2.0	2.5	3.3	4.0	
50~100	3.0	3.8	5.0	6.0	
100~150	4.0	5.0	6.5	8.0	
150~200	5.0	6.2	8.0	10.0	
200~250	6.0	7.5	9.0	11.0	
>250	7.0	8.5	10.0	12.0	

表 4-6　有凸缘拉深件的修边余量 Δd

凸缘直径 d_1/mm	凸缘的相对直径 d_1/d				附图
	<1.5	>1.5~2	>2~2.5	>2.5	
≤25	1.8	1.6	1.4	1.2	
25~50	2.5	2.0	1.8	1.6	
50~100	3.5	3.0	2.5	2.2	
100~150	4.3	3.6	3.0	2.5	
150~200	5.0	5.2	3.5	2.7	
200~250	5.5	5.6	3.8	2.8	
>250	6.0	5.0	4.0	3.0	

4.4.2　简单旋转体拉深件毛坯尺寸计算

在不变薄拉深工艺中,由于毛坯在拉深前后其表面积基本保持不变,所以可以用面积法进行计算。对于简单形状的旋转体拉深件毛坯尺寸,一般可将拉深件划分成若干个简单的几何体,分别求出它们的表面积再相加(含修变余量),可求得拉深件的面积 A' 为

$$A_i = a_1 + a_2 + \cdots + a_n = \sum a$$

$$A = \frac{\pi}{4} D^2 = A_i$$

则

$$D = \sqrt{\frac{4}{\pi} A} = \sqrt{\frac{4}{\pi} \sum a} \tag{4-1}$$

式中,A 为毛坯面积,mm^2;A_i 为拉伸件表面积,mm^2;a_n 为拉深件分解成简单几何体的表面积,mm^2,其计算公式可查询表 4-7 获取;D 为毛坯直径,mm。

表 4-7　简单几何形状表面积计算公式

序号	名称	几何形状	表面积计算公式
1	圆		$A = \frac{\pi d^2}{4} = 0.785 d^2$
2	环		$A = \frac{\pi}{4}(d^2 - d_1^2)$
3	筒形		$A = \pi d h$

（续表）

序号	名称	几何形状	表面积计算公式
4	截头锥型		$A = \pi l \left(\dfrac{d + d_1}{2} \right)$ $l = \sqrt{h^2 + \left(\dfrac{d - d_1}{2} \right)^2}$
5	半球面		$A = 2\pi r$
6	1/4 凹球环		$A = \dfrac{\pi}{2} r (\pi d - 4r)$
7	1/4 凸球环		$A = \dfrac{\pi}{2} r (\pi d + 4r)$

【例 4 - 1】　试计算图 4 - 11(a)所示的筒形件毛坯直径尺寸。

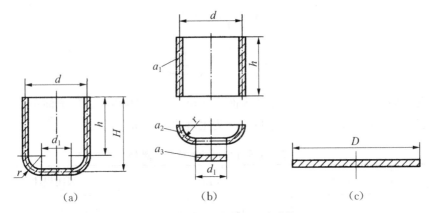

图 4 - 11　筒形件毛坯尺寸计算

解： 如图 4 - 11(b)所示，可将拉深件分为 a_1、a_2 和 a_3 三个部分，总面积为

$$A_i = a_1 + a_2 + a_3$$

查表 4 - 7 得各部分面积分别为

$$a_1 = \pi d h$$

$$a_2 = \frac{\pi}{2} r (\pi d_1 + 4r)$$

$$a_3 = \frac{\pi d_1^2}{4}$$

根据等面积法,以上三部分面积之和应等于毛坯的表面积之和,即

$$D=\sqrt{\frac{4}{\pi}\left[\pi dh+\frac{\pi}{2}r(\pi d_1+4r)+\frac{\pi d_1^2}{4}\right]}$$

将 $\pi=3.14$, $d_1=d-2r$, $h=H-r$ 代入上式得

$$D=\sqrt{d_1^2+4dH-1.72rd-0.56r^2}\qquad(4-2)$$

【例 4-2】 试计算带凸缘筒形件的毛坯直径尺寸(见图 4-12)。

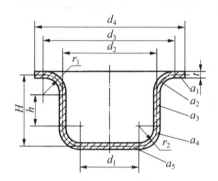

图 4-12 带凸缘筒形件毛坯尺寸计算

解: 如图 4-12 所示,可将拉深件分成 a_1、a_2、a_3、a_4 和 a_5 五个部分,总面积为

$$A_i=a_1+a_2+a_3+a_4+a_5$$

查表 4-7 获得各部分面积:

$$a_1=\frac{\pi}{4}(d_4^2-d_3^2)$$

$$a_2=\frac{\pi}{2}r_1(\pi d_3-4r_1)$$

$$a_3=\pi d_2h$$

$$a_4=\frac{\pi}{2}r_2(\pi d_1+4r_2)$$

$$a_5=\frac{\pi d_1^2}{4}$$

根据等面积法,以上五部分面积之和应等于毛坯的表面积之和,即

$$D=\sqrt{\frac{4}{\pi}\left[\frac{\pi}{4}(d_4^2-d_3^2)+\frac{\pi}{2}r_1(\pi d_3-4r_1)+\pi d_2h+\frac{\pi}{2}r_2(\pi d_1+4r_2)+\frac{\pi d_1^2}{4}\right]}$$

将 $r_1=r_2=r$ 代入得:

$$D=\sqrt{d_1^2+4d_2h+2\pi r(d_1+d_2)+4\pi r^2+d_4^2-d_3^2}$$

再将 $\pi = 3.14$，$d_3 = d_2 + 2r$，$d_1 = d_2 - 2r$，$h = H - 2r$ 代入得：

$$D = \sqrt{d_4^2 + 4d_2 H - 3.44 r d_2} \qquad (4-3)$$

计算时应当注意，对于例 4-1 中的 H 和 h 应包括修边余量 Δh，对于例 4-2 中的 d_4 应包括修边余量 $2\Delta d$。当 $t \geqslant 1\,\text{mm}$ 时，应按拉深件的中线尺寸计算。

对于常用的简单形状旋转体拉深件，其毛坯直径 D 的计算公式可参考表 4-8。

表 4-8　常用旋转体拉深件毛坯直径的计算公式

序号	工件形状	毛坯直径 D
1	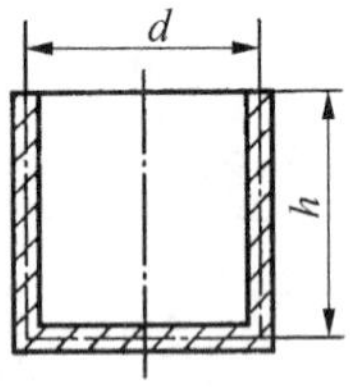	$D = \sqrt{d^2 + 4dh}$
2	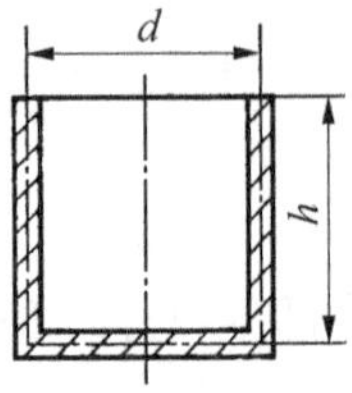	$D = \sqrt{d_2^2 + 4d_1 h}$
3	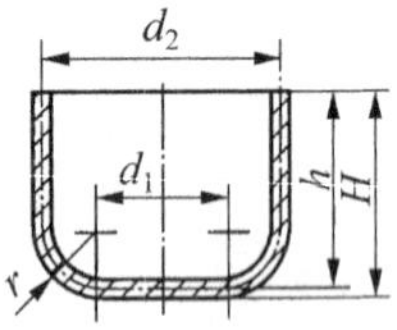	$D = \sqrt{d_1^2 + 4d_2 h + 6.28 r d_1 + 8r^2}$ 或 $D = \sqrt{d_2^2 + 4d_2 H - 1.72 r d_2 - 0.56 r_2}$
4	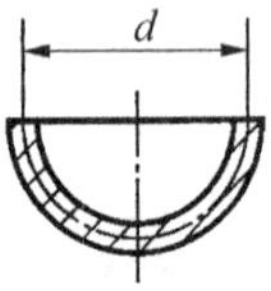	$D = \sqrt{2d^2} = 1.414d$
5	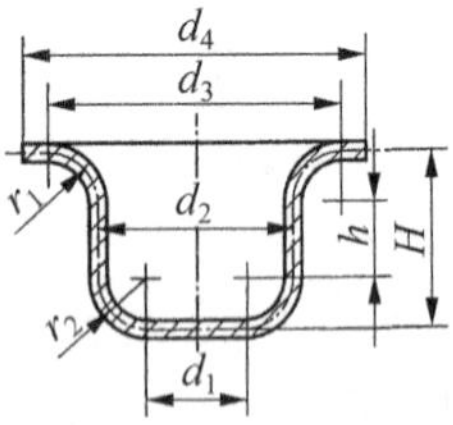	若 $r_1 \neq r_2$，则 $D = \sqrt{d_1^2 + 6.28 r_2 d_1 + 8r_2^2 + 4d_2 h + 6.28 r_1 d_2 + 4.56 r_1^2 + d_4^2 - d_3^2}$ 若 $r_1 = r_2 = r$，则 $D = \sqrt{d_1^2 + 4d_2 h + 2\pi r (d_1 + d_2) + 4\pi r^2 + d_4^2 - d_3^2}$ 或 $D = \sqrt{d_4^2 + 4d_2 H - 3.44 r d_2}$
6	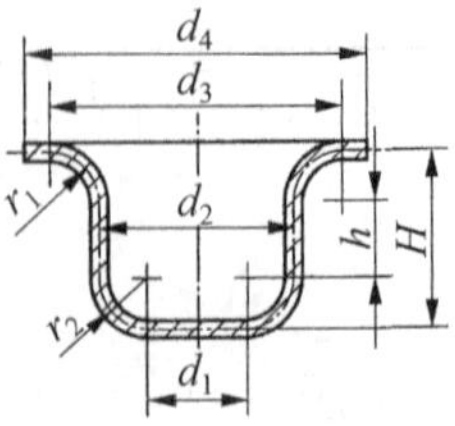	$D = 1.414\sqrt{d^2 + 2dh}$ 或 $D = 2\sqrt{dh}$

（续表）

序号	工件形状	毛坯直径 D
		$D = \sqrt{d_1^2 + 2l(d_1 + d_2)}$
		$D = \sqrt{d_1^2 + 2l(d_1 + d_2) + 4d_2 h}$

其他形状的旋转体拉深件毛坯尺寸的计算公式可查阅有关设计资料。

4.5　圆筒件拉深工艺计算

4.5.1　拉深系数

拉深系数是用来控制拉深时变形程度的一个工艺指标。根据拉深系数可以确定零件的拉深次数以及各次拉深时的半成品的工序尺寸。在分析拉深工艺和设计拉深模具时，必须首先确定零件的拉深次数，合理规划拉深次数，可以使材料在拉深中的应力既不超过材料的强度极限又能充分利用材料的塑性，使每道拉深工序都能达到材料最大的可能变形程度。确定合理的拉深系数对拉深件的经济性和质量至关重要。

1. 拉深系数的概念

拉深系数 m 是指每次拉深后筒形件直径（中径）与拉深前毛坯（或半成品）直径的比值。如图 4-13 所示为用直径为 D 的毛坯经多次拉深制成直径为 d_n、高度为 h_n 的圆筒件的工艺过程，各次拉深系数如下：

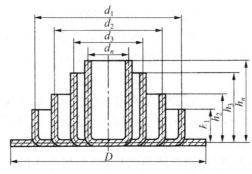

图 4-13　圆筒件拉深工艺过程

第一次拉深系数为

$$m_1 = \frac{d_1}{D}$$

以后各次拉深系数为

$$m_2 = \frac{d_2}{d_1}$$

$$m_n = \frac{d_n}{d_{n-1}}$$

工件的直径 d_n 与毛坯直径 D 之比称为总拉深系数，即工件总的变形程度系数。

$$m_{总} = \frac{d_n}{D} = \frac{d_1 d_2 d_3 \cdots d_{n-1} d_n}{D d_1 d_2 \cdots d_{n-2} d_{n-1}} = m_1 m_2 m_3 \cdots m_{n-1} m_n \tag{4-4}$$

式中，d_1，d_2，d_3，$\cdots$，d_n 为各次拉深后的半成品或拉深筒部直径，mm；D 为毛坯直径，mm，所以总拉深系数为各次拉深系数的乘积。

从拉深系数的表达式可以看出，拉深系数的数值小于 1，而且 m 值越小，表示拉深变形程度越大，所需要的拉深次数也越少。在工艺计算中，只要知道每次拉深工序的拉深系数值，就可以计算出各次拉深工序的半成品尺寸，并确定出该拉深件的拉深次数。从降低生产成本出发，希望拉深次数越少越好，即采用较小的拉深系数。但拉深系数的减小有一个限度，这个限度称为极限拉深系数，超过这一限度，会使变形区的危险断面产生拉裂。

2. 影响拉深系数的因素

1）材料的力学性能

一般来说，屈强比 R_e/R_m 小、伸长率 A_t 大的材料，拉深系数可以小些。因为屈服强度 R_e 小，材料容易变形，凸缘变形区的变形抗力减小，筒壁传力区的拉应力也相应减小；而抗拉强度 R_m 大，则可提高危险断面处的强度，减小拉裂的危险；伸长率 A_t 较大，说明板料在变形时不易出现拉伸过程中的缩颈现象，因而危险断面的严重变形和拉断现象也相应推迟。一般情况下，$R_e/R_m \leqslant 0.65$，且 $A_t \geqslant 28\%$ 的板料具有较好的拉深性能。

2）板料的相对厚度

板料相对厚度 t/D 越大，拉深时抵抗失稳起皱的能力越大，因而可以减小压边力，减小摩擦阻力，有利于减小拉深系数。

3）拉深条件

拉深条件主要有模具的结构参数、压边条件和摩擦与润滑条件等。

（1）模具的结构参数主要是指凸、凹模圆角半径 $R_凸$、$R_凹$ 以及凸、凹模间隙 Z。当凹模圆角半径 $R_凹$ 大时，材料沿凹模滑动容易，故 m 值可偏小，但 $R_凹$ 过大会减小压边面积而增加起皱的可能性，反而要求增大 m 值。当凸模四角半径 $R_凸$ 大时，材料不易局部变薄，m 值可偏小。当凸、凹模间隙 Z 小时，因摩擦阻力增大，故 m 应大些；当间隙 Z 合理时，m 值最小。

（2）压边条件，采用压边圈并加以合理的压边力对拉深有利，可以减小拉深系数。但压边力过大，会增加拉深阻力，而压边力过小，在拉深时不足以防止起皱，都对拉深不利。合理的压边力应该是在保证不起皱的前提下取最小值。

（3）摩擦与润滑条件，凹模（特别是圆角入口处）与压边圈的工作表面应十分光滑并采用润滑剂，可减小板料在拉深过程中的摩擦阻力，减少传力区危险断面的负担，有助于减小拉深系数。对于凸模工作表面，则不必做得很光滑，也不需要润滑，使拉深时在凸模工作表面与板料之间有较大的摩擦阻力，有利于阻止危险断面的变薄，因而有利于减小拉深系数。

4）拉深次数

第一次拉深时，m 值可以偏小，以后各次拉深时 m 应取大值。因为在以后各次拉深时，材料已经产生了冷作硬化现象，变形比较困难。

5）零件的形状和尺寸

零件的几何形状不同，则变形时应力与应变状态不同，极限变形量也就不同，其拉深系数也不一样。有凸缘和底部呈不同形状的筒形零件与无凸缘的筒形件不同；筒形件与矩形零件也不同。

在这些影响拉深系数的因素中，对于一定材料的零件来说，相对厚度是主要因素，其次是凹模圆角半径 $R_{凹}$ 以及拉深条件。在生产中则应注意润滑以减少摩擦力。

综上所述，凡是能增加筒壁传力区危险断面的强度，降低筒壁传力区拉应力的因素，均会使极限拉深系数减小；反之，将使极限拉深系数增加。

3. 拉深系数的确定

极限拉深系数的大小，可以根据筒壁传力区所承受的最大拉应力和危险断面上的有效抗拉强度，用理论公式加以估算。由于影响拉深系数的因素很多，实际生产中应用的极限拉深系数都是考虑了各种具体条件后用试验方法求出的。通常 $m_1 = 0.56 \sim 0.60$，以后各次的拉深系数为 $0.70 \sim 0.86$。

无凸缘筒形件带压边圈的极限拉深系数如表 4-9 所示，无凸缘筒形件不带压边圈的极限拉深系数如表 4-10 所示，各种材料的拉深系数如表 4-11 所示（该表所列 m_n 为以后各次拉深系数的平均值）。

表 4-9　无凸缘筒形件带压边圈的极限拉深系数

拉深系数	毛坯的相对厚度 t/D（%）					
	0.08%～0.15%	0.15%～0.3%	0.3%～0.6%	0.6%～1.0%	1.0%～1.5%	1.5%～2.0%
m_1	0.60～0.63	0.58～0.60	0.55～0.58	0.53～0.55	0.50～0.53	0.48～0.50
m_2	0.80～0.82	0.79～0.80	0.78～0.79	0.76～0.78	0.75～0.76	0.73～0.75
m_3	0.82～0.84	0.81～0.82	0.80～0.81	0.79～0.80	0.78～0.79	0.76～0.78
m_4	0.85～0.86	0.83～0.85	0.82～0.83	0.81～0.82	0.80～0.81	0.78～0.80
m_5	0.87～0.88	0.86～0.87	0.85～0.86	0.84～0.85	0.82～0.84	0.80～0.82

注：① 表中拉深系数适用于 08、10 和 15Mn 等普通的拉深碳素钢及黄铜 H62；对拉深性能较差的材料，如 20、25、Q215、Q235、硬铝等应比表中数值大 1.5%～2.0%；对塑性更好的，如 05、08F、10F 等深拉深钢及软铝，应比表中数值小 1.5%～2.0%。

② 表中数据适用于未经中间退火的拉深。若采用中间退火工序，则取比表中数值小 2%～3% 的值。

③ 表中较小数值适用于大的凹模圆角半径 $R_{凹} = (8 \sim 15)t$，较大数值适用于小的凹模圆角半径 $R_{凹} = (5 \sim 8)t$。

表 4－10 无凸缘筒形件不带压边圈的极限拉深系数

拉深系数	毛坯的相对厚度 t/D（%）				
	1.5%	2.0%	2.5%	3.0%	＞3%
m_1	0.65	0.65	0.55	0.53	0.50
m_2	0.80	0.75	0.75	0.75	0.70
m_3	0.84	0.80	0.80	0.80	0.75
m_4	0.87	0.84	0.84	0.84	0.78
m_5	0.90	0.87	0.87	0.87	0.82
m_6	—	0.90	0.90	0.90	0.85

注：表中数据适用于 08，10 和 15Mn 等材料。其余各项同表 4－9。

表 4－11 各种材料的拉深系数

材料	牌号	首次拉深系数 m_1	以后各次拉深系数 m_n
铝和铝合金	8A06M、1035M、3A21M	0.52～0.55	0.70～0.75
杜拉铝	2A11M、2A12M	0.56～0.58	0.75～0.80
黄铜	H62、H68	0.52～0.54	0.70～0.72
		0.50～0.52	0.68～0.72
纯铜	T2、T3、T4	0.50～0.55	0.72～0.80
无氧铜	—	0.50～0.58	0.75～0.82
镍、镁镍、硅镍	—	0.48～0.53	0.70～0.75
康铜（铜镍合金）	—	0.50～0.56	0.74～0.84
白铁皮	—	0.58～0.65	0.80～0.85
酸洗钢板	—	0.54～0.58	0.75～0.78
不锈钢、耐热钢及其合金	Cr13	0.52～0.56	0.75～0.78
	Cr18Ni	0.50～0.52	0.70～0.75
	1Cr18Ni9Ti	0.52～0.55	0.78～0.81
	Cr18Ni11Nb	0.52～0.55	0.78～0.80
	Cr23Ni18	0.52～0.55	0.78～0.80
	Cr20Ni75Mo2AlTiNb	0.56	—
	Cr25Ni60W15Ti	0.58	—
	Cr22Ni38W3Ti	0.48～0.50	—
	Cr20Ni80Ti	0.54～0.59	0.78～0.85
钢	30CrMnSiA	0.62～0.70	0.80～0.84
可伐合金	—	0.65～0.67	0.85～0.90

（续表）

材料	牌号	首次拉深系数 m_1	以后各次拉深系数 m_n
钼铼合金	—	0.72～0.82	0.91～0.97
钽	—	0.65～0.67	0.84～0.87
铌	—	0.65～0.67	0.84～0.87
钛合金	工业纯铁	0.58～0.60	0.80～0.85
	TA5	0.60～0.65	0.80～0.85
锌	—	0.65～0.70	0.85～0.90

注：① 凹模圆角半径 $R_{凹} < 6t$ 时，拉深系数取大值。
　　② 凹模圆角半径 $R_{凹} \geqslant (7～8)t$ 时，拉深系数取小值。
　　③ 材料的相对厚度 $t/D \geqslant 0.62\%$ 时，拉深系数取小值。
　　④ 材料的相对厚度 $t/D < 0.62\%$ 时，拉深系数取大值。

　　在实际生产中，并不是在所有情况下都采用极限拉深系数。因为过于接近极限拉深系数会引起拉深件在凸模圆角部位的过分变薄，而在以后各次拉深中，部分变薄严重的缺陷会转移到成品零件的侧壁上去，降低零件的质量，所以对零件质量有较高的要求时，宜采用大于极限值的拉深系数。

4.5.2 无凸缘筒形件拉深

1. 无凸缘筒形件拉深次数确定

　　当总的拉深系数 $m_总 > m_1$ 时，零件只需要一次拉深就可以成形，否则需要进行多次拉深。具体拉深次数通常先进行初步估计，最后通过工艺计算进行确定。初步确定无凸缘筒形件拉深次数的方法有计算法、推算法、查表法等。

　　1）计算法

　　将直径为 D 的毛坯最后拉深成直径为 d_n 的工件，各工序零件直径变化为

$$d_1 = m_1 D$$
$$d_2 = m_n d_1 = m_n (m_1 D)$$
$$d_3 = m_n d_2 = m_n^2 (m_1 D)$$
$$\cdots$$
$$d_n = m_n d_{n-1} = m_n^{n-1} (m_1 D)$$

对上面的等式两边取对数

$$\lg d_n = \lg m_n d_{n-1} = (n-1)\lg m_n + \lg(m_1 D)$$

则：

$$n = 1 + \frac{\lg d_n - \lg(m_1 D)}{\lg m_n} \tag{4-5}$$

式中，m_1 和 m_n 为拉深系数，可由表 4-11 中查取。计算所得的拉深次数 n 小数部分的数值，不能按照四舍五入法，而应取较大整数值，因表中的拉深系数已经是极限值，这样才能满足安全而不破裂的要求。

2) 推算法

筒形件的拉深次数也可根据毛坯的相对厚度 $t/D(\%)$ 值由拉深系数表 4 - 9 或表 4 - 10 查出 $m_1, m_2, m_3, \cdots\cdots, m_n$, 从第一次拉深直径 d_1 向 d_n 推算。

$$d_1 = m_1 D$$
$$d_2 = m_2 d_1$$
$$\cdots$$
$$d_n = m_n d_{n-1}$$

一直计算到所得的 d_n 不大于工件所要求的直径 d 为止, 此时的 n 即为所求的拉深次数。通过推算法还可以得到中间各工序的拉深系数及半成品的直径。

3) 查表法

(1) 根据拉深件的相对高度 h/d 和毛坯的相对厚度 t/D, 由表 4 - 12 查取筒形件的拉深次数。

表 4 - 12 无凸缘筒形件相对高度 h/d 与拉深次数的关系

拉深次数	h/d					
	毛坯的相对厚度 $t/D(\%)$					
	0.08%～0.15%	0.15%～0.3%	0.3%～0.6%	0.6%～1.0%	1.0%～1.5%	0.5%～2.0%
1	0.38～0.46	0.45～0.52	0.5～0.62	0.57～0.71	0.66～0.84	0.77～0.94
2	0.7～0.9	0.83～0.96	0.95～1.13	1.1～1.36	1.32～1.6	1.55～1.88
3	1.1～1.3	1.3～1.6	1.5～1.9	1.3～2.3	2.2～2.8	2.7～3.5
4	1.5～2.0	2.0～2.5	2.5～2.9	2.9～3.6	3.5～4.3	4.3～5.6
5	2.0～2.7	2.7～3.3	3.3～4.1	4.1～5.2	5.1～6.6	6.6～8.9

注: 大的 h/d 值适用于第一道工序的大凹模圆角半径 $R_凹 = (8\sim15)t$; 小的 h/d 值适用于第一道工序的小的凹模圆角半径 $R_凹 = (5\sim8)t$; 表中数据适用于 08、10 钢。

(2) 根据毛坯的相对厚度 t/D 与总拉深系数 $m_总$, 由表 4 - 13 查取拉深次数。

表 4 - 13 总拉深系数 $m_总$ 与拉深次数的关系 (圆筒件带压边圈)

拉深次数	$m_总$				
	毛坯的相对厚度 t/D				
	0.06%～0.2%	0.2%～0.5%	0.5%～1.0%	1.0%～1.5%	1.5%～2%
2	0.46～0.48	0.43～0.46	0.40～0.43	0.36～0.40	0.33～0.36
3	0.37～0.40	0.34～0.37	0.30～0.34	0.27～0.30	0.24～0.27
4	0.30～0.33	0.27～0.30	0.24～0.27	0.21～0.24	0.18～0.21
5	0.25～0.29	0.22～0.25	0.19～0.22	0.16～0.19	0.13～0.16

注: 表中数据适用于 08 和 10 钢的筒形拉深件。

2. 无凸缘筒形件拉深工艺尺寸计算

当筒形件经工艺分析计算需要分多次拉深时, 就必须计算各次半成品的尺寸作为设计模具及选择压力机的依据。圆筒件各次半成品工序尺寸计算主要包括各次拉深得到的半成品直径、圆角半径及拉深高度。

1) 各次拉深半成品的直径

根据选定的拉深系数按推算法进行计算。应遵循根据零件的具体尺寸确定的实际拉深系数比查表得出的拉深系数要大的原则进行调整,然后根据调整后的各次拉深系数计算各次半成品直径,使 d_n 等于工件直径 d 为止,即

$$d_1 = m_1 D$$
$$d_2 = m_2 d_1$$
$$\cdots$$
$$d_n = m_n d_{n-1}$$

2) 半成品拉深高度

各工序半成品的直径与凸、凹模圆角半径确定以后,可以根据圆筒件的底部形状计算出各工序拉深高度,计算公式如表 4-14 所示。

表 4-14 圆筒件的拉深高度计算公式

工件形状	拉深工序	计算公式
平底圆筒件	1	$h_1 = 0.25(d_0 k_1 - d_1)$
	2	$h_2 = h_1 k_2 + 0.25(d_1 k_2 - d_2)$
圆角底圆筒件	1	$h_1 = 0.25(d_0 k_1 - d_1) + 0.43 \dfrac{r_1}{d_1}(d_1 + 0.32 r_1)$
	2	$h_2 = 0.25(d_0 k_1 k_2 - d_2) + 0.43 \dfrac{r_2}{d_2}(d_2 + 0.32 r_2)$ $r_1 = r_2 = r$ 时 $h_2 = h_1 k_2 + 0.25(d_1 - d_2) - 0.43 \dfrac{r}{d_2}(d_1 - d_2)$

注:d_0 表示毛坯直径(mm);d_1、d_2 表示第 1、2 工序拉深的工件直径(mm);k_1、k_2 表示第 1、2 工序拉深的拉深比($k_1 = 1/m_1$、$k_2 = 1/m_2$);r_1、r_2 表示第 1、2 工序拉深件底部圆角半径(mm)。

【例 4-3】 计算如图 4-14 所示零件的毛坯料尺寸、拉深次数及拉深各工序件尺寸。材料为 08 钢,板料厚度 $t = 1$ mm。

解:因 $t = 1$ mm,下面均按板厚中径尺寸计算。

(1) 修边余量 Δh。

根据零件尺寸,其相对高度为

$$\frac{h}{d} = \frac{67.5}{20} \approx 3.4$$

查表 4-5 得 $\Delta h = 6$ mm。

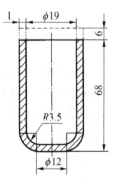

图 4-14 零件图

(2) 计算毛坯直径。

根据无凸缘筒形件毛坯计算公式得

$$D = \sqrt{d^2 + 4dH - 1.72rd - 0.56r^2}$$
$$= \sqrt{20^2 + 4*20*(67.5+6) - 1.72*4*20 - 0.56*4^2}$$
$$\approx 78 \text{ mm}$$

(3) 确定是否使用压边圈。

毛坯相对厚度 $t/d \times 100\% = 1/78 \times 100\% \approx 1.28$，查表 4 - 1 确定采用压边圈。

(4) 确定拉深次数。

先判断能否一次拉深成形。根据毛坯的相对厚度，查表 4 - 9 得 $m_1 = 0.50 \sim 0.53$。

零件总的拉深系数 $m_{总}$ 为

$$m_{总} = d/D = 20/78 = 0.256$$

由于 $m_{总} = 0.256 < m_1 = 0.50 \sim 0.53$，因此不能一次拉出。

① 采用计算法确定拉深次数。由式(4 - 9)知

$$n = 1 + \frac{\lg 20 - \lg(0.55 \times 78)}{\lg 0.75} = 3.66$$

取拉深次数 $n = 4$。

② 由查表法确定拉深次数为

$$\frac{t}{D} = \frac{1}{78} \approx 1.28\%$$

$$\frac{h}{d} = \frac{73.5}{20} \approx 3.7$$

查表 4 - 12 得，$n = 4$ 次。

(5) 确定各次拉深直径。

查表 4 - 9 取各次拉深极限拉深系数(小值)分别为，$m_1 = 0.50$，$m_2 = 0.75$，$m_3 = 0.78$，$m_4 = 0.80$，则各次拉深件直径推算为

$$d_1 = 0.50 \times 78 = 39 \text{ mm}$$
$$d_2 = 0.75 \times 39 = 29.25 \text{ mm}$$
$$d_3 = 0.78 \times 29.3 = 22.815 \text{ mm}$$
$$d_4 = 0.80 \times 22.85 = 18.252 \text{ mm}$$

因为 $d_4 = 18.252$ mm 已经小于 $d = 20$ mm (工件直径)，因此可以分析出需 4 次就能拉深成形，即拉深次数取 $n = 4$ 次。由于计算直径不等于零件成品直径，应对拉深系数做适当的调整，使其均大于相应的极限拉深系数。调整后实际拉深系数取 $m_1 = 0.53$，$m_2 = 0.76$，$m_3 = 0.79$，$m_4 = 0.82$，则调整后各次拉深半成品直径为

$$d_1 = 0.53 \times 78 = 41.34 \text{ mm}$$
$$d_2 = 0.76 \times 41.3 = 31.42 \text{ mm}$$

$$d_3 = 0.79 \times 31.42 = 24.82 \, \text{mm}$$

$$d_4 = 0.82 \times 24.82 = 20.35 \, \text{mm}$$

根据 $d_4 = 20 \, \text{mm}$，得出 $m_4 = 0.81$，在合理的拉深系数范围内。

（6）半成品底部圆角半径。

根据式（4-10），取半成品圆角半径分别为 $r_1 = 5 \, \text{mm}$，$r_2 = 4.5 \, \text{mm}$，$r_3 = 4 \, \text{mm}$，$r_4 = 3.5 \, \text{mm}$。

（7）计算各次半成品拉深高度。

根据表 4-14 的有关公式计算得

$$h_1 = 0.25 \times \left(\frac{78^2}{41} - 41\right) + 0.43 \times \frac{5.5}{41} \times (41 + 0.32 \times 5.5) \approx 29.3 \, (\text{mm})$$

$$h_2 = 0.25 \times \left(\frac{78^2}{31} - 31\right) + 0.43 \times \frac{5}{31} \times (31 + 0.32 \times 5) \approx 43.6 \, (\text{mm})$$

$$h_3 = 0.25 \times \left(\frac{78^2}{24.5} - 24.5\right) + 0.43 \times \frac{5}{24.5} * (24.5 + 0.32 \times 4.5) \approx 58 \, (\text{mm})$$

$$h_4 = 73.5 \, (\text{mm})$$

（8）画出各工序图。

该工件的工序图如图 4-15 所示（图中尺寸为中线尺寸）。

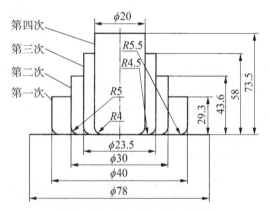

图 4-15　圆筒件拉深工序图

4.5.3　带凸缘筒形件拉深

1. 带凸缘筒形件的拉深变形程度及拉深次数

如图 4-16 所示为带凸缘的筒形件，它可以是成品零件，也可以是形状复杂的冲压件的一个半成品件。带凸缘圆筒件与无凸缘圆筒件相比，二者的变形本质是一样的，即变形区应力与应变状态和变形特点是相同的。区别在于带凸缘圆筒件只是将毛坯拉深到零件要求的直径时就不再拉深，而不是将凸缘变形区的材料全部拉入凹模。

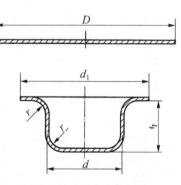

图 4-16　带凸缘筒形件

2. 带凸缘筒形件的拉深成形极限

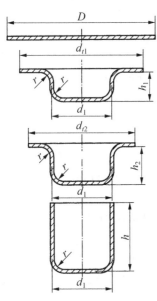

图 4-17　不同凸缘直径和高度的拉深件变形比较

如果有凸缘筒形件能够一次拉深成形,则可以根据毛坯和零件尺寸直接进行工艺计算。判断工件是否能一次拉深成形,不能用无凸缘的筒形件拉深的第一次拉深系数 m_1,因为它只有当全部凸缘都转变为工件的侧表面时才能适用。而在拉深有凸缘筒形件时,可在同样的 $m_1 = d_1/D$ 的情况下,即采用相同的毛坯直径 D 拉出相同的工件直径 d_1 时,拉深出各种不同凸缘直径 d_t 和不同高度 h 的工件,如图 4-17 所示。显然,凸缘直径和工件高度的不同,其实际变形程度是不同的。凸缘直径越小,工件高度越大,其变形程度也越大。而这些不同情况只是无凸缘拉深过程中的中间阶段,而不是其拉深过程的终结。因此不能用 $m_1 = d_1/D$ 来表达有凸缘工件拉深在各种不同情况下(指不同的 d_t 和 h)的实际变形程度。

由式(4-7)可知,带凸缘筒形件的毛坯直径 D 为

$$D = \sqrt{d_4^2 + 4d_2 H - 3.44rd_2}$$

因此,带凸缘筒形件的第一次拉深系数为

$$m_1 = \frac{d_1}{D} = \frac{1}{\sqrt{\left(\dfrac{d_t}{d_1}\right)^2 + 4\dfrac{h_1}{d_1} - 3.44\dfrac{r_1}{d_1}}} \tag{4-6}$$

式中,d_1 为筒部直径(mm);D 为毛坯直径(mm);d_t/d_1 为凸缘的相对直径(应包括修边余量);h_1/d_1 为相对高度;r_1/d_1 为底部与凸缘部分的相对圆角半径。

此外,m_1 还应考虑毛坯相对厚度 t/D(%)的影响。因此,对于一定毛坯相对厚度 t/D(%)的带凸缘筒形件的第一次拉深的变形程度可以用相对应于不同凸缘的相对直径 d_t/d_1 的最大相对拉深高度 h_1/d_1 来表示,如表 4-15 所示。

表 4-15　带凸缘筒形件第一次拉深的最大相对高处 h_1/d_1

凸缘相对直径 d_t/d_1	h_1/d_1				
	毛坯的相对厚度 t/D(%)				
	0.06%~0.2%	0.2%~0.5%	0.5%~1%	1%~1.5%	>1.5%
≤1.1	0.45~0.52	0.50~0.62	0.57~0.70	0.60~0.80	0.75~0.90
1.1~1.3	0.40~0.47	0.45~0.53	0.50~0.60	0.56~0.72	0.65~0.80
1.3~1.5	0.35~0.42	0.40~0.48	0.45~0.53	0.50~0.63	0.58~0.70
1.5~1.8	0.29~0.35	0.34~0.39	0.37~0.44	0.42~0.53	0.48~0.58
1.8~2.0	0.25~0.30	0.29~0.35	0.32~0.38	0.36~0.46	0.42~0.51
2.0~2.2	0.22~0.26	0.25~0.29	0.27~0.33	0.31~0.41	0.35~0.45
2.2~2.5	0.17~0.21	0.20~0.23	0.22~0.27	0.25~0.32	0.28~0.35

（续表）

凸缘相对直径 d_t/d_1	h_1/d_1				
	毛坯的相对厚度 $t/D(\%)$				
	$0.06\%\sim0.2\%$	$0.2\%\sim0.5\%$	$0.5\%\sim1\%$	$1\%\sim1.5\%$	$>1.5\%$
$2.5\sim2.8$	$0.13\sim0.16$	$0.15\sim0.18$	$0.17\sim0.21$	$0.19\sim0.25$	$0.22\sim0.27$
$2.5\sim3.0$	$0.10\sim0.13$	$0.12\sim0.15$	$0.15\sim0.17$	$0.16\sim0.20$	$0.18\sim0.22$

注：① 适用于 08、10 钢。
　　② 较大值相应于零件圆角半径较大情况，即 $r=(10-20)t$。
　　③ 较小值相应于零件圆角半径较小情况，即 $r=(4-8)t$。

当制件的相对拉深高度为 $h/d>h_1/d_1$ 时，就不能用一道工序拉深，需要两次或多次拉深，即拉深次数要根据拉深系数或零件相对高度来判断。

3. 带凸缘筒形件的拉深方法

带凸缘圆筒件需要多次拉深时，根据凸缘宽窄可以分为窄凸缘圆筒件和宽凸缘圆筒件的拉深两种。窄凸缘圆筒件 $d_t/d=1.1\sim1.4$；宽凸缘圆筒件 $d_t/d>1.4$。

1）窄凸缘圆筒件拉深

对于窄凸缘圆筒件可在前几次拉深中不留凸缘，先拉成筒形件，而在最后的几道拉深工序中形成锥形凸缘，最后将其压平，如图 4-18 所示，其拉深系数的确定与拉深工艺计算与无凸缘的筒形工件完全相同。如图 4-19 所示为窄凸缘圆筒件拉深示例。

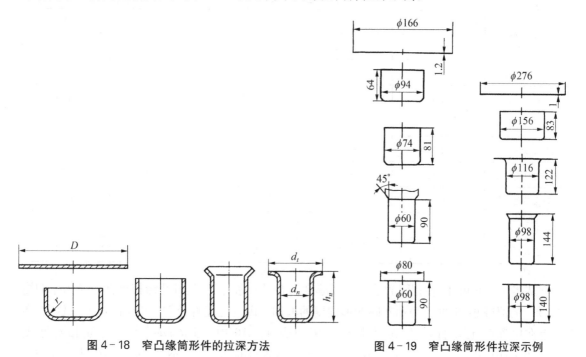

图 4-18　窄凸缘筒形件的拉深方法　　　　图 4-19　窄凸缘筒形件拉深示例

2）宽凸缘圆筒件拉深

对于宽凸缘拉深件，在第一次拉深时，就将凸缘直径拉深到零件所要求的尺寸，而在以后各次拉深中，凸缘直径保持不变，仅改变筒体的形状和尺寸。在以后各次拉深中逐步减小直

径,增加高度,最后达到所要求的尺寸。具体拉深常采用以下方法:

(1) 如图 4-20(a)所示为采用缩小筒体直径来增加高度的拉深方法,适用于材料较薄,拉深深度比直径大的中小型零件。

(2) 如图 4-20(b)所示为高度基本不变而减小圆角半径,逐渐缩小筒体直径的拉深方法,适用于材料较厚,直径和深度相近的大中型零件。

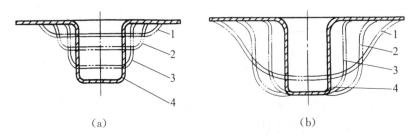

图 4-20 宽凸缘拉深件拉深方法应用

宽凸缘圆筒件拉深时,其第一次拉深的极限拉深系数如表 4-16 所示;以后各次拉深时的拉深系数可以按圆筒件拉深系数表 4-9 中的值来确定。

表 4-16 带凸缘圆筒件第一次拉深的极限拉深系数 m_1

| 凸缘相对直径 d_t/d_1 | m_1 | | | | |
| | 毛坯的相对厚度 $t/D(\%)$ | | | | |
	$\leqslant 0.06 \sim 0.2$	$0.2 \sim 0.5$	$0.5 \sim 1.0$	$1.0 \sim 1.5$	>1.5
$\leqslant 1$	0.59	0.57	0.55	0.53	0.50
$>1.1 \sim 1.3$	0.55	0.55	0.53	0.51	0.59
$>1.3 \sim 1.5$	0.52	0.51	0.50	0.59	0.57
$>1.5 \sim 1.8$	0.58	0.58	0.57	0.56	0.55
$>1.8 \sim 2.0$	0.55	0.55	0.55	0.53	0.52
$>2.0 \sim 2.2$	0.52	0.52	0.52	0.51	0.50
$>2.2 \sim 2.5$	0.38	0.38	0.38	0.38	0.37
$>2.5 \sim 2.8$	0.35	0.35	0.35	0.35	0.33
$>2.8 \sim 3.0$	0.33	0.33	0.32	0.32	0.31

从表 4-16 可知,在相同的毛坯相对厚度 $t/D(\%)$ 条件下,随着凸缘相对直径 d_t/d_1 的增大,m_1 的值减小,但并不表示实际变形程度的增加。因为毛坯直径 D 一定时,d_t/d_1 越大,实际上在拉深时毛坯直径 D 减小越少。例如表 4-16 中,当 $d_t/d_1 = 3$,毛坯相对厚度 $t/D(\%) = 0.06 \sim 0.2$ 时,$m_1 = 0.33$,好像变形程度很大,其实不然。$m_1 = d_1/D = 0.33$,$d_t/d_1 = 3$,故 $D = d_1/m_1 = d_1/0.33 = 3d_1$,即 $D \approx d_t$,相当于实际变形程度几乎为零。

为了保证以后各次拉深时凸缘不参加变形,宽凸缘件首次拉入凹模的材料表面积比零件的实际需要多 3%~5%,这些多余材料在以后各次拉深中,逐次将其挤到凸缘部分,使凸缘增厚,从而避免拉裂。这对于厚度小于 0.5 mm 的拉深件效果尤为显著。这一原则实际上是通过正确计算各次拉深高度和严格控制凸模进入凹模的深度来实现的。

4．宽凸缘筒形件拉深工艺尺寸计算

宽凸缘筒形件拉深工艺尺寸计算的具体步骤如下:

(1) 确定修边余量。

(2) 初算毛坯直径 D。

(3) 判断能否一次拉出。计算毛坯的相对厚度 $t/D(\%)$ 和凸缘相对直径 d_t/d_1,由表 4-15 查出第一次拉深时允许的最大相对高度 h_1/d_1。如果 $h/d < h_1/d_1$,则可以一次拉出,工序尺寸计算结束;如果 $h/d > h_1/d_1$,则一次不能拉深,需要多次拉深,应计算各工序尺寸。

(4) 查表 4-16 选取第一次拉深系数 m_1,查表 4-9 选取以后各次拉深的拉深系数 m_2,m_3,…,m_n,并预算出各工序的拉深直径 $d_1=m_1D$,$d_2=m_2d_1$,…,$d_n=m_nd_{n-1}$,通过计算即可知道拉深的次数。

(5) 确定拉深次数以后,通常还需要调整各工序的拉深系数。使各工序变形程度的分配更合理。

(6) 根据调整以后的拉深系数,重新计算各工序的拉深直径:$d_1=m_1D$,$d_2=m_2d_1$,…,$d_n=m_nd_{n-1}$。

(7) 确定各工序零件的圆角半径。

(8) 根据上面计算宽凸缘圆筒件工序尺寸所述方法,重新计算毛坯直径。

(9) 计算第一次拉深高度,并校核第一次拉深的相对高度,检查是否安全。

(10) 计算以后各次拉深高度。

【例 4-4】　计算图 4-21 所示宽凸缘筒形件的毛坯直径、拉深次数及各次半成品尺寸。材料为 08 钢,料厚 $t=2$ mm。

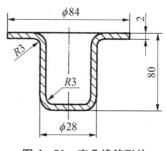

图 4-21　宽凸缘筒形件

解:料厚 $t=1$ mm,下面均按中线尺寸计算。

(1) 确定修边余量 Δd。

$d_t/d=84/26\approx3.2$,查表 4-6,取修边余量 $\Delta d=2.2$ mm,故实际凸缘直径为

$$d_t=84+2\times2.2=88.4$$

(2) 初算毛坯直径。

根据例 4-2 的知,$d_1=28-2-2\times4=18$,$d_2=28-2=26$,$d_3=26+8=34$,$d_4=88.4$,$h=80-2-8=70$,$r_1=r_2=4$

$$D = \sqrt{\frac{4}{\pi}\left[\frac{\pi}{4}(d_4^2 - d_3^2) + \frac{\pi}{2}r_1(\pi d_3 - 4r_1) + \pi d_2 h + \frac{\pi}{2}r_2(\pi d_1 + 4r_2) + \frac{\pi d_1^2}{4}\right]}$$

$$D = \sqrt{\frac{4}{\pi}\left[\frac{\pi}{4}(88.4^2 - 34^2) + \frac{\pi}{2}4(34\pi - 4 \times 4) + 26\pi \times 70 + \frac{\pi}{2}4(18\pi + 4 \times 4) + \frac{\pi 18^2}{4}\right]}$$

$$D = \sqrt{6\,658.6 + 8\,910.2} \approx 125$$

上式中，$6\,658.6 \times \pi/4 \text{ mm}^2$ 为该零件凸缘部分的表面积，$8\,910.2 \times \pi/4 \text{ mm}^2$ 为该零件除去凸缘部分的表面积。

（3）判断一次能否拉出。

$$h/d = 78/26 = 3$$
$$d_t/d_1 = 88.4/26 = 3.4$$
$$t/D = 2/125 = 1.6\%$$

查表 4-15 得，第一次拉深的最大相对高度 $h_1/d_1 = 0.18 \sim 0.22$，远小于工件的相对高度 $h/d = 3$，所以不能一次拉出。

（4）确定首次拉深的工序尺寸。

① 选取 m_1、d_1。

因为确定宽凸缘筒形件的首次处深系数 m_1 时，需要先假定一个 d_t/d_1 的值，所以用逼近法以表格的形式列出有关数据进行比较来选取 m_1、d_1，如表 4-17 所示。

表 4-17　逼近法确定第一次拉深直径

假定 d_t/d_1	d_1	实际拉深系数 $m_1(d_1/D)$	第一次拉深的极限拉深系数 $[m_1]$	拉深系数相差值 $\Delta m = m_1 - [m_1]$
1.2	$88.4/1.2 \approx 73.6$	0.59	0.49	+0.10
1.3	$88.4/1.3 = 68$	0.54	0.49	+0.05
1.4	$88.4/1.4 \approx 63.1$	0.50	0.47	+0.03
1.5	$88.4/1.5 \approx 58.9$	0.47	0.47	0

实际拉深系数应该比极限拉深系数稍大，选取 $m_1 = 0.47$，$d_1 \approx 59 \text{ mm}$（即 $d_t/d_1 \approx 1.5$）。

② 确定筒底及凹模的圆角过渡处中间层圆角半径（计算方法见第 4.8 节拉深模工作部分结构及尺寸）。

取 $R_凹 = 0.8\sqrt{(D - d_1)t} = 0.8\sqrt{(125 - 59) \times 2} = 9.2$

取第一次拉深时筒底及凹模的圆角过渡处中间层圆角半径 $R_凹 = 10 \text{ mm}$。

③ 调整计算毛坯直径。

如图 4-22 所示，为了保证以后拉深时凸缘不参加变形，宽凸缘拉深件第一次拉入凹模的材料面积比零件实际需要的面积多 5%，即第一次拉深时拉入凹模材料实际面积应为

$$A = \frac{\pi}{4} \times \{8\,910.2 + [(59 + 2 \times 10)^2 - 34^2]\} \times 105\% = \frac{\pi}{4} \times 14\,695$$

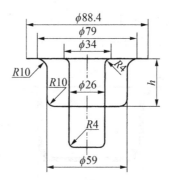

图 4-22　第一次拉深工序尺寸计算示意图

在多拉入凹模 5% 的材料后，毛坯直径应调整为

$$D = \sqrt{14\,695 + (88.4^2 - 79^2)} = 127.5(\text{mm})$$

④ 计算第一次拉深高度 h_1。

由 $D = \sqrt{d_1^2 + 4dH - 3.44dR}$ 可知

$$H = 0.25\frac{D^2 - d_t^2}{d} + 0.86R$$

即　　　　　$$h_1 = 0.25 \times \frac{127.5^2 - 88.4^2}{59} + 0.86 \times 10 \approx 44.4(\text{mm})$$

⑤ 验算 m_1 选得是否合理。

根据 $d_t/d_1 = 88.4/59 = 1.49$ 和 $t/D = 2/127.5 = 1.57\%$，查表 4-15 得许可的相对高度 $h_1/d_1 = 0.58 \sim 0.70$，而实际的工序件 $h_1/d_1 = 44.4/59 = 0.75$，因 $0.70 < 0.75$，所以所选的 m_1 已经超过第一次拉深的允许变形程度，是不合适的，需要重新选定。

（5）重新确定第一次拉深的工序尺寸。

① 选取 $m_1 = 0.50$，$d_1 = D \times m_1 = 125 \times 0.5 = 62.5$（即 $d_t/d_1 = 1.41$）。

② 选取 $R_{凹} = 10\,\text{mm}$。

③ 重新计算毛坯直径。

第一次拉深时拉入凹模的材料实际面积应为

$$A = \frac{\pi}{4} \times \{8\,910.2 + [(62.5 + 2 \times 10)^2 - 34^2]\} \times 105\% = \frac{\pi}{4} \times 15\,288.4$$

重新计算的毛坯直径应为

$$D = \sqrt{15\,288.4 + (88.4^2 - 82.5^2)} \approx 127.7(\text{mm})$$

④ 计算第一次拉深高度 h_1 为

$$h_1 = 0.25 \times \frac{127.7^2 - 88.4^2}{62.5} + 0.86 \times 10 \approx 42.6\,\text{mm}$$

⑤ 验算 m_1 选得是否合理。

根据 $d_t/d_1 = 88.4/62.5 = 1.41$ 和 $t/D = 2/127.7 = 1.57\%$，查表 4-15 得许可的相对高

度 $h_1/d_1=0.58\sim0.70$，而实际的工序件 $h_1/d_1=42.6/62.5=0.68$，显然 $0.70>0.67$，所以本次所选的 m_1 是合适的。图 4-23 为第一次拉深工序图。

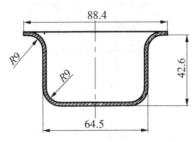

图 4-23   第一次拉深工序图

（6）计算以后各次拉深的工序件尺寸。

① 确定以后各次还需要拉深的次数。

查表 4-9 选取，$m_2=0.74$，$m_3=0.77$，$m_4=0.79$，$m_5=0.81$，用推算法确定所需次数。

$$d_2=m_2d_1=0.74\times62.5\approx46\text{(mm)}$$
$$d_3=m_3d_2=0.77\times46\approx35\text{(mm)}$$
$$d_4=m_4d_3=0.79\times35\approx28\text{(mm)}$$
$$d_5=m_5d_4=0.81\times28\approx22\text{(mm)}$$

当第五次拉深时，$d_5\approx22\text{mm}$，已经小于零件尺寸 $d=26\text{mm}$，所以不必再拉深，即总共要拉深五次。

② 重新调整各次拉深系数及工序件的直径。

取 $m_2=0.76$，$m_3=0.79$，$m_4=0.81$，$m_5=0.84$，则

$$d_2=m_2d_1=0.76\times62.5\approx48\text{(mm)}$$
$$d_3=m_3d_2=0.79\times48\approx38\text{(mm)}$$
$$d_4=m_4d_3=0.81\times38\approx31\text{(mm)}$$
$$d_5=m_5d_4=0.84\times31\approx26\text{(mm)}$$

③ 确定以后各次拉深筒底及凹模的圆角过渡处中间层圆角半径。

取 $R_{凹2}=R_{凸2}=9\text{mm}$，取 $R_{凹3}=R_{凸3}=7\text{mm}$，取 $R_{凹4}=R_{凸4}=6\text{mm}$，取 $R_{凹5}=R_{凸5}=4\text{mm}$。

④ 计算以后各次拉深高度。

设第二次拉深时多拉入凹模的材料面积为 3.5%（其余 1.5% 的材料返回到凸缘），第三次拉深时多拉入的材料为 2%（其余 1.5% 的材料返回到凸缘），第四次拉深时多拉入的材料为 1%（其余 0.5% 的材料返回到凸缘）。第二、三、四次拉深的假想坯料直径分别为

$$D_2=\sqrt{\frac{15\,288.4}{105\%}\times103.5\%+(88.4^2-82.5^2)}\approx126.8\text{(mm)}$$

$$D_3=\sqrt{\frac{15\,288.4}{105\%}\times102\%+(88.4^2-82.5^2)}\approx125.9\text{(mm)}$$

$$D_4=\sqrt{\frac{15\,288.4}{105\%}\times101\%+(88.4^2-82.5^2)}\approx125.4\text{(mm)}$$

由此,可以计算出各次拉深的工序件高度为

$$h_2 = 0.25 \times \frac{126.8^2 - 88.4^2}{48} + 0.86 \times 9 \approx 50.8 (\text{mm})$$

$$h_3 = 0.25 \times \frac{125.9^2 - 88.4^2}{38} + 0.86 \times 7 \approx 59 (\text{mm})$$

$$h_4 = 0.25 \times \frac{125.4^2 - 88.4^2}{31} + 0.86 \times 6 \approx 68.9 (\text{mm})$$

最后一道拉深后达到零件的高度,将多拉入的1%的材料返回到凸缘,拉深工序结束。

(7) 绘制工序图。

将上述按中线尺寸计算的工序件尺寸换算为外径和高度尺寸,绘制工序图如图 4-24 所示。

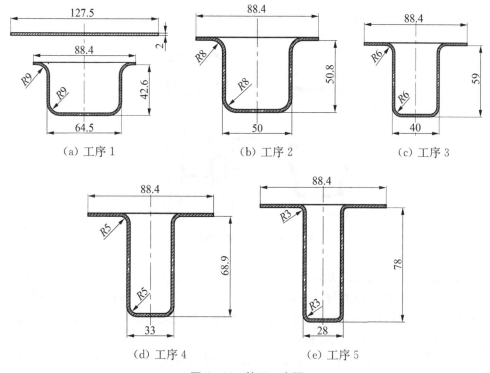

图 4-24　拉深工序图

4.5.4　筒形件以后各次拉深特点及方法

1. 筒形件首次拉深与以后各次拉深的不同点

(1) 筒形件在首次拉深时,平板毛坯的厚度和力学性能是均匀的;而在之后的各次拉深时,筒形件毛坯的壁厚和力学性能是不均匀的,材料已冷作硬化,因此极限拉深系数比第一次拉深系数要大得多,一般后一次都略大于前一次。

(2) 首次拉深时,在开始阶段较快地达到最大拉深力,然后逐渐减小为零;因而以后各次拉深时,在拉深的整个阶段拉深力一直都在增加,直到拉深的最后阶段才由最大值下降为零,

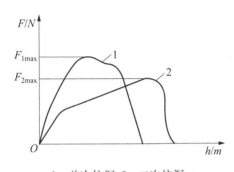

1—首次拉深;2—二次拉深。

图 4-25 首次拉深与二次拉深的
拉深力变化曲线

如图 4-25 所示。

（3）首次拉深与以后各次拉深的危险断面都在凸模圆角处。首次拉深时,由于最大拉深力发生在初始阶段,拉裂也发生在初始阶段;而以后各次拉深时,最大拉深力发生在末尾,所以拉裂也发生在末尾。

（4）以后各次拉深的变形区,因其外缘有筒壁刚性支持,所以稳定性比首次拉深要好,不易起皱。只是在拉深的最后阶段,筒壁边缘进入变形区后,变形区的外缘失去了刚性支持才有起皱的可能。

2. 筒形件以后各次拉深的方法

如图 4-26 所示,筒形件之后的各次拉深有正拉深与反拉深两种方法。正拉深的拉深方向与上一次相同,反拉深的拉深方向与上一次相反,工件的内外表面相互转换。反拉深与正拉深相比较有以下特点。

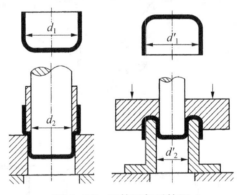

图 4-26 正拉深与反拉深

（1）反拉深时,材料的流动方向与正拉深相反,有利于相互抵消拉深时形成的残余应力。

（2）反拉深时,材料的弯曲与反弯曲次数较少,加工硬化也少,有利于成形。正拉深时,位于压边圈圆角部的材料流向凹模圆角处,内圆弧变成了外圆弧;而反拉深时,位于内圆弧处的材料在流动过程中始终处于内圆弧地位。

（3）反拉深时,毛坯与凹模接触面比正拉深大,材料的流动阻力也大,材料不易起皱,因此一般反拉深可不用压边圈,这就避免了由于压边力不适当或压边力不均匀而引起的拉裂。

（4）反拉深时,其拉深力比正拉深力大 20% 左右。

（5）反拉深坯料内径 d_1 套在凹模外面,拉深后的工件外径 d_2 通过凹模内孔,故凹模壁厚不能超过 $(d_1-d_2)/2$,即反拉深的拉深系数不能太大,否则凹模壁厚过薄,强度不足。另外,凹模的圆角半径不能大于 $(d_1-d_2)/4$。

反拉深后圆筒的最小直径 $d_2=(30\sim90)t$,圆角半径 $r=(2\sim6)t$。反拉深方法主要用于板料较薄的大件和中等尺寸零件的拉深。

4.6 拉深力、压料力与拉深压力机

4.6.1 拉深力计算

对于筒形件有压边圈拉深时,其拉深力的计算公式为

$$F = K\pi dt R_{\mathrm{m}} \tag{4-7}$$

式中,d 为拉深件直径,mm;t 为材料厚度,mm;R_{m} 为材料强度极限,MPa;K 为修正系数,与拉深系数有关,m 越小,K 越大。首次拉深时修正系数 K_1 如表 4-18 所示,以后各次拉深时修正系数 K_2 如表 4-19 所示。

表 4-18 修正系数 K_1

$t/D(\%)$	初次拉深系数 m_1									
	0.45	0.48	0.50	0.52	0.55	0.60	0.65	0.70	0.75	0.80
5.0	0.95	0.85	0.75	0.65	0.60	0.50	0.42	0.35	0.28	0.20
2.0	1.10	1.00	0.90	0.80	0.75	0.60	0.50	0.42	0.35	0.25
1.2	—	1.10	1.00	0.90	0.80	0.68	0.56	0.47	0.37	0.30
0.8	—	—	1.10	1.00	0.90	0.75	0.60	0.50	0.40	0.33
0.5	—	—	—	1.10	1.00	0.82	0.67	0.55	0.46	0.36
0.2	—	—	—	—	1.10	0.90	0.75	0.60	0.50	0.40
0.1	—	—	—	—	—	1.10	0.90	0.75	0.60	0.50

表 4-19 修正系数 K_2

$t/d(\%)$	拉深系数 m_n									
	0.7	0.72	0.75	0.78	0.80	0.82	0.85	0.88	0.90	0.92
5.0	0.85	0.70	0.60	0.50	0.42	0.32	0.28	0.20	0.15	0.12
2.0	1.10	0.90	0.75	0.60	0.52	0.42	0.32	0.25	0.20	0.14
1.2	—	1.10	0.90	0.75	0.62	0.52	0.42	0.30	0.25	0.16
0.8	—	—	1.00	0.82	0.70	0.57	0.46	0.35	0.27	0.18
0.5	—	—	1.10	0.90	0.76	0.63	0.50	0.40	0.30	0.20
0.2	—	—	—	1.00	0.85	0.70	0.56	0.44	0.33	0.23
0.1	—	—	—	1.10	1.00	0.82	0.68	0.55	0.40	0.30

4.6.2　压边装置的类型及压边力的计算

1. 压边装置的类型

常用的压边装置有弹性压边装置和刚性压边装置两大类。

1) 弹性压边装置

弹性压边装置多用于普通的单动拉深压力机上。通常有橡胶压边装置、弹簧压边装置和气垫式压边装置三种，结构如图 4-27 所示，这三种压边装置压边力的变化曲线如图 4-28 所示。

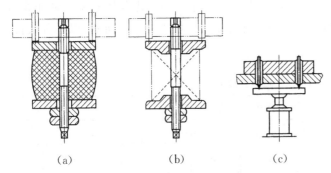

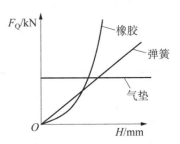

图 4-27　弹性压边装置

(a)橡胶压边装置；(b)弹簧压边装置；(c)气垫压边装置

图 4-28　弹性压边装置的压边力变化曲线

随着拉深深度的增加，凸缘变形区的材料不断减少，需要的压边力也逐渐减少。而橡胶与弹簧压边装置所产生的压边力恰与此相反，随拉深深度增加而增加，尤其是橡胶压边装置更为严重。这种工作情况易因拉深力增加，而导致零件拉裂，因此橡胶及弹簧结构通常只适用于浅拉深，气垫式压边装置的压边效果比较好，但其结构制造较复杂。

在普通单动式的中、小型压力机上，由于橡胶、弹簧使用十分方便，还是被广泛使用。这就要正确地选择弹簧规格及橡胶的牌号与尺寸，尽量减少不利因素对其的影响。宜选用总压缩量大、压边力随压缩量缓慢增加的弹簧或选用较软橡胶。为了保证橡胶的相对压缩量不致过大，应选取橡胶的总高度不小于拉深行程的 5 倍。

在拉深板料较薄或带有宽凸缘的零件时，为了克服弹簧和橡胶的缺点，防止压边圈将毛坯压得过紧，可以采用带限位柱的压边圈，使压边圈和凹模之间始终保持一定的距离 s，以维持均衡和合适的压边力，图 4-29(a)所示为固定式限位柱，常用于第一次拉深模，图 4-29(b)所

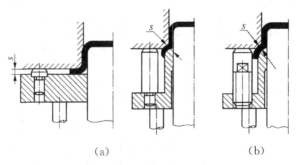

图 4-29　带限位装置的压边圈

(a)固定式；(b)调节式

示为调节式限位柱,常用于以后各次拉深模。

　　(1) 当拉深钢板零件时,距离 $s = 1.2t$(t 为板料厚度)。

　　(2) 拉深铝合金工件时,距离 $s = 1.1t$。

　　(3) 拉深带凸缘工件时,距离 $s = t + (0.05 \sim 0.1)$。

　　2) 刚性压边装置

　　刚性压边装置用于双动压力机上,其工作原理如图 4-30 所示。曲轴 1 旋转时,首先通过凸轮 2 带动外滑块 3 使压边圈 6 将毛坯压在凹模 7 上,随后由内滑块 4 带动凸模 5 对毛坯进行拉深。在拉深过程中,外滑块保持不动。

　　刚性压边圈的压边作用并不是靠直接调控压边力来保证的。考虑到毛坯凸缘变形区在拉深过程中板料厚度有增大现象,所以调整模具时压边圈与拉深凹模间的间隙应略大于板厚。刚性压边装置的特点是压边力的大小不随行程变化,拉深效果较好,模具结构也简单。

　　如图 4-31 所示为带刚性压边装置的拉深模,拉深时板料置于固定板 6 中,外滑块带动刚性压边圈 4 下行压紧板料,内滑块带动拉深凸模 5 下行,与拉深凹模 3 将板料拉深成形。因刚性压边圈与拉深凹模面的间隙事先可调整好,因而不会因拉深的进行而增加压边力。采用带刚性压边装置的拉深模可以拉深高度较大的工件。

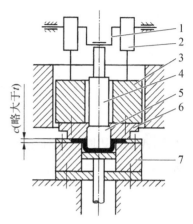

1—曲轴;2—凸轮;3—外滑块;4—内滑块;5—凸模;6—压边圈;7—凹模。

图 4-30　双动压力机用拉深模刚性压边装置工作原理

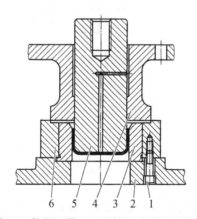

1—螺钉;2—下模座;3—拉深凹模;4—刚性压边圈;5—拉深凸模;6—固定板。

图 4-31　带刚性压边装置的拉深模

2. 压边力的计算

　　有压边圈拉深模工作部分的结构如图 4-32 所示。在压边圈上施加压边力的大小应该适当。过大的压边力会使拉深件在凸模圆角处的断面过分变薄导致拉裂,压边力过小则起不到防止起皱的作用,压边力 F_Q 的计算公式为

$$F_Q = AP \tag{4-8}$$

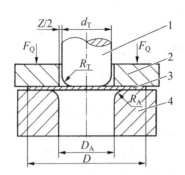

1—拉深凸模;2—压边圈;3—毛坯;4—拉深凹模。

图4-32 有压边圈拉深模工作部分的结构

式中,A 为压边圈上毛坯的投影面积,mm^2;P 为单位面积上的压边力,MPa,如表 4-20 所示。

表4-20 单位面积上的压边力 (单位:MPa)

材料		单位面积压边力	材料		单位面积压边力
铝		0.8~1.2	软钢	$t < 0.5\ mm$	2.5~3.0
紫铜、铝合金		1.2~1.8	20钢、08钢、镀锡钢板		2.5~3.0
黄铜		1.5~2.0	软化状态的耐热钢		2.8~3.5
软钢	$t > 0.5\ mm$	2.0~2.5	高合金钢、高锰钢、不锈钢		3.0~4.5

对于筒形件,则第一次拉深时的压边力为

$$F_{Q1} = \frac{\pi}{4}\left[D^2 - (d_1 + 2R_A)^2\right]P \tag{4-9}$$

以后各次拉深时的压边力为

$$F_{Qn} = \frac{\pi}{4}\left[d_{n-1}^2 - (d_n + 2R_A)^2\right]P \tag{4-10}$$

在实际生产中,实际压边力的大小要根据既不起皱又不被拉裂这个原则,在试模中加以调整,在设计压边装置时应考虑便于调整压边力。

4.6.3 拉深时压力机吨位的选择

采用单动压力机拉深时,压边力 F_Q 与拉深力 F 是同时产生的(压边力由弹性装置产生),计算总拉深力 $F_{总}$ 时应包括压边力在内,即

$$F_{总} = F + F_Q \tag{4-11}$$

选用双动压力机时,压力机内滑块(拉深滑块)的公称压力应大于拉深力;压力机外滑块(压边滑块)的公称压力应大于压边力。

拉深力 F 是随拉深高度变化的。压力机的最大压力(公称压力)作用在滑块(凸模)下降到接近工作行程的下止点位置。而在拉深变形过程中,所需要的最大拉深力并非作用在凸模下降到接近行程的下极限点位置,而是作用在凸模进入凹模的深度等于凸模圆角半径 $R_凸$ 与凹模圆角半径 $R_凹$ 之和的位置时。

冲压力与压力机的压力曲线关系如图 4-33 所示,压力机允许的压力曲线应全部包围冲压变形力曲线。因此,当拉深行程较大,特别是采用落料拉深复合模时,不能简单地将落料力与拉深力叠加去选择压力机吨位,而是应该根据压力机压力曲线与冲压变形力曲线之间的关系来选择,否则,很可能由于过早出现最大冲压力而使压力机超载损坏。

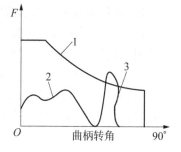

1—压力机的压力曲线;2—拉深力曲线;3—落料力曲线。

图 4-33　冲压力与压力机的压力曲线

为了选用方便,通常进行概略估算,即

浅拉深时　　　　　　　　　　$F_总 \leqslant (0.7 \sim 0.8)F_压$　　　　　　　(4-12)

深拉深时　　　　　　　　　　$F_总 \leqslant (0.5 \sim 0.6)F_压$　　　　　　　(4-13)

式中,$F_总$ 为拉深力和压边力总和,N,在用复合模冲压时,还包括其他变形力;$F_压$ 为压力机的公称压力,N。

4.7　常用拉深模结构

拉深模种类繁多,根据不同的零件结构和工序性质,拉深模的类型也各有不同,主要有以下几类。

(1) 按工艺特点进行分类。拉深模可分为简单拉深模、复合拉深模和连续拉深模。

(2) 按工艺顺序进行分类。拉深模可分为首次拉深模和以后各次拉深模。

(3) 按模具结构特点进行分类。拉深模可分为带导柱拉深模、不带导柱拉深模、带压边圈拉深模和不带压边圈拉深模。

(4) 按使用的压力机不同进行分类。拉深模可分为单动压力机拉深模、双动压力机拉深模以及特种设备拉深模等。

4.7.1　首次拉深模

1. 无压边装置的首次拉深模

图 4-34 所示为无压边圈的首次拉深模。该模具没有压边装置,适用于拉深变形程度不大,相对厚度(t/D)较大的零件。拉深凸模 1 与模柄做成一个整体,毛坯由定位板 2 定位,卸料靠工件口部拉深后弹性恢复张开,在凸模上行时,工件被凹模下底面刮落。为使工件在拉深后不至于紧贴在凸模上难以取下,在拉深凸模中开有通气孔。

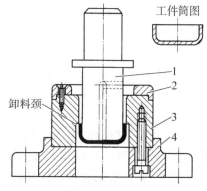

1—拉深凸模;2—定位板,3—拉深凹模;4—下模座。

图 4-34　无压边圈的首次拉深模

2. 带压边装置的首次拉深模

图 4-35 所示为带压边圈的正装首次拉深模。由于弹性元件装在上模,因此凸模比较长,该模具不适用于深拉深。图 4-36 所示为带锥形压边圈的倒装首次拉深模。由于压力装置的弹性元件装在下模座工作台的下面,因而允许弹性元件有较大的压缩行程,可以拉深深度较大的拉深件。在拉深时,锥形压边圈先将毛坯压成锥形,使毛坯的外径产生一定量的收缩,然后再将其拉成筒形件。采用这种结构,有利于拉深变形,所以可以降低极限拉深系数。

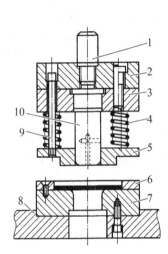

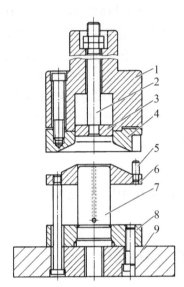

1—模柄;2—上模座;3—凸模定位板;4、9—弹簧;5—压边圈;6—定位板;7、10—拉深凹模;8—下模座。

图 4-35　带压边圈的正装首次拉深模

1—上模座;2—推杆;3—推件板;4—锥形凹模;5—限位柱;6—锥形压边圈;7—拉深凸模;8—凸模固定板;9—下模座。

图 4-36　带锥形压边圈的倒装拉深模

4.7.2　以后各次拉深模

在以后各次拉深中,因毛坯不再是平板形状,而是已经拉深过的半成品,所以其在模具上的定位装置、压边装置与首次拉深是不同的。常采用的定位方法有:利用专门设计制作的定位板定位;在凹模上加工出供半成品定位用的凹窝;半成品用凸模来定位。

1. 无压边装置的以后各次拉深模

图 4-37 所示无压边装置的以后各次拉深模,前次拉深后的工件由定位板 4 定位,拉深后工件由凹模孔台阶卸下。为了减小工件与凹模间的摩擦,凹模直边高度 h 取 9~13 mm。

2. 带压边装置的以后各次拉深模

图 4-38 所示带压边装置的以后各次拉深模,压边圈的形状与上一次拉出的半成品相适应,拉深前,半成品工件套在压边圈 4 上定位。上模下行,锥形凹模与压边圈将工件压紧,随着上模的继续下行,拉深凹模 2 与拉深凸模 3 将工件拉深成行。上模上行,压边圈将冲压件从拉深凸模中向上托出,推件板将冲压件从凹模中向下推出。限位柱 5 保证压边圈与凹模表面间的间隙不变,以防止压边力太大。

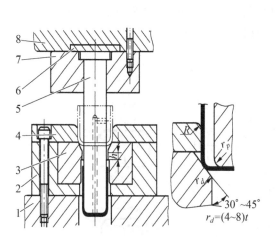

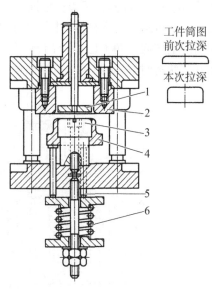

1—下模座；2—凹模固定板；3—凹模；4—定位
板；5—凸模；6—垫板；7—凸模固定板；8—上
模座。

图 4-37　无压边装置的以后各次拉深模

1—推件板；2—拉深凹模；3—拉深凸
模；4—压边圈；5—顶杆；6—弹簧。

图 4-38　有压边装置的以后各次拉深模

4.7.3　复合拉深模

1. 落料、拉深复合模

图 4-39 所示为正装落料、拉深复合模。凸凹模 3（落料凸模、拉深凹模）装在上模，落料
凹模 7 与拉深凸模 8 装在下模。拉深凸模低于落料凹模，所以在冲压时能保证先落料再拉深。
弹性压边圈 2 安装在下模座上。

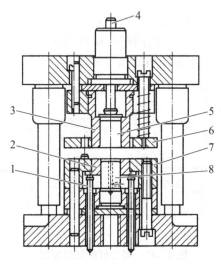

1 顶杆；2—弹性压边圈；3—凸凹模；4—打杆；5—推件板；6—卸料板；7—落料凹模；8—拉深凸模。

图 4-39　落料、拉深复合模

2. 再次拉深、冲孔、切边复合模

图 4-40 所示为再次拉深、冲孔、切边复合模。为了有利于拉深变形,减小拉深时的阻力,在拉深前的毛坯底部角上已经拉出有 55°的斜角。拉深模的压边圈与毛坯的内形完全吻合。模具在开启状态时,压边圈 1 与拉深凸模 8 处在同一水平位置。

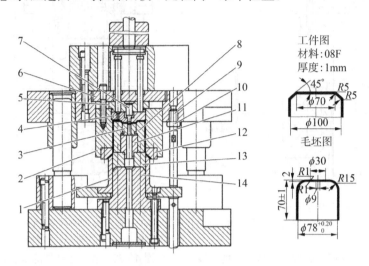

1—压边圈;2—凹模固定板;3—冲孔凹模;4—推件板;5—冲孔凸模固定板;6—垫板;7—冲孔凸模;
8—拉深凸模;9—限位螺栓;10—螺母;11—垫柱;12—拉深、切边
凹模;13—切边凸模;14—固定块。

图 4-40 再次拉深、冲孔、切边复合模

底部压形由拉深凸模和推件板完成;底部冲孔由冲孔凸模和冲孔凹模完成。限位螺栓使压边圈与拉深凹模之间保持一定的距离,以防压边力过大。当行程快终了时,由拉深、切边凹模和拉深凸模下部完成切边。

用这种方法对拉深后的筒形件进行切边,其工作原理如图 4-41 所示在拉深凸模下面固定有带锋利刃口的切边凸模,而拉深凹模同时起切边凹模的作用。图 4-41(a)所示为带锥形口的拉深凹模,图 4-41(b)所示为带圆角的拉深凹模。

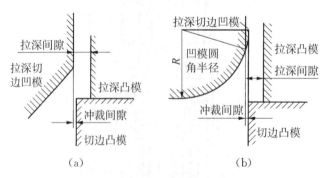

(a)　　　　　　　　　　(b)

图 4-41 筒形件的切边原理
(a)带锥形口;(b)带圆角

因为切边凹模没有锋利的刃口,所以切下的废料带有较大的毛刺,这种切边方法又称为挤边。用这种方法对筒形件切边,由于模具结构简单,使用方便,并可采用复合模的结构与拉深

同时进行,因而使用十分广泛。

4.8 拉深模工作部分结构及尺寸

拉深模工作部分的结构及尺寸如图 4-42 所示,包括凸、凹模圆角半径,凸、凹模之间的间隙,凸、凹模工作部分的尺寸及结构。

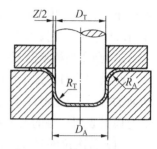

图 4-42 拉深模工作部分结构及尺寸

4.8.1 凸、凹模的圆角半径

1. 凹模圆角半径 R_A

大的凹模圆角可以降低极限拉深系数,提高拉深件的质量,但过大的凹模圆角会削弱压边圈的作用,引起起皱,因此 R_A 的大小要适当。

(1) 筒形件首次拉深时的凹模圆角半径 R_{A1} 的计算公式为

$$R_{A1} = C_1 C_2 t \qquad (4-14)$$

或

$$R_{A1} = 08\sqrt{(D-d_1)t} \qquad (4-15)$$

式中,C_1 为考虑材料力学性能的系数,对于软钢、硬铝,$C_1 = 1$,对于纯铜、黄铜、铝,$C_1 = 0.8$;C_2 为考虑板料厚度与拉深系数的系数,如表 4-21 所示;d_1 为首次拉深凹模内径,mm;D 为毛坯直径,mm。

表 4-21 拉深凹模圆角半径系数 C_2

板料厚度 t/mm	拉深件直径/mm	拉深系数 m_1		
		0.48~0.55	0.55~0.6	≥0.6
≤0.5	≤50 50~200 >200	7~9.5 8.5~10 9~10	6~7.5 7~8.5 8~10	5~6 6~7.5 7~9
0.5~1.5	≤50 50~200 >200	6~8 7~9 8~10	5~6.5 6~7.5 7~9	4~5.5 5~6.5 6~8
1.5~3	≤50 50~200 >200	5~6.5 6~7.5 7~8.5	4.5~5.5 5~6.5 6~7.5	4~5 4.5~5.5 5~6.5

首次拉深凹模圆角半径 R_{A1} 也可以按表 4-22 选取。

表 4-22 首次拉深凹模圆角半径 R_{A1}

拉深零件形式	板料厚度 t/mm				
	0.1~0.3	0.3~0.6	0.6~1.0	1.0~1.5	≥1.5~2.0
无凸缘	(8~13)t	(7~10)t	(6~9)t	(5~8)t	(5~7)t
有凸缘	(15~22)t	(12~18)t	(10~16)t	(8~13)t	(6~10)t

（2）以后各次拉深的凹模圆角半径应逐渐缩小，一般可按下式计算：

$$R_{An} = (0.6 \sim 0.8)R_{An-1} \qquad (4-16)$$

（3）最后一次拉深时，凹模圆角半径 R_A 应等于零件凸缘处圆角半径，根据工艺要求，R_A 不应小于材料厚度的两倍，如果零件凸缘处圆角半径过小，则应在末次拉深后增加一次整形工序，使之达到零件技术要求。

2. 凸模圆角半径 R_T

凸模圆角对拉深工作的影响不像凹模圆角那样显著。过小的 R_T 会降低筒壁传力区危险断面的有效抗拉强度，毛坯沿压边圈的滑动阻力也会增大，但 R_T 太小，会使在拉深初始阶段不与模具表面接触的毛坯宽度就增大，因而这部分毛坯容易起皱（内皱）。

（1）首次拉深时，选用凸模圆角半径 R_T 等于或略小于凹模圆角半径 R_A，即：

$$R_T = (0.7 \sim 0.8)R_A \qquad (4-17)$$

（2）中间各次拉深时，凸模圆角半径可按下式计算：

$$R_{Tn} = \frac{d_{n-1}d_n - 2t}{2} \qquad (4-18)$$

（3）最后一次拉深时，凸模圆角半径 R_T 应等于零件圆角半径，但必须满足 $R_T > 2t$，否则要增加整形工序。

4.8.2　凸、凹模之间的间隙

拉深凸、凹模间的单面间隙等于凹模直径与凸模直径差值的一半。间隙大小应合理，拉深间隙过小会增加摩擦阻力，使拉深件容易破裂，并且容易擦伤零件表面，降低模具寿命；拉深间隙过大，拉深时对毛坯的校直作用小，易使拉深件起皱，影响零件尺寸精度。因此在进行拉深模设计确定凸、凹模的有关尺寸时，必须先根据板料厚度及公差、拉深过程中板料的增厚情况、拉深次数、零件的形状及精度要求等确定间隙值的大小。圆筒形拉深件单边间隙可按下列方法确定：

（1）不用压边圈时

$$Z/2 = (1 \sim 1.1)t_{max} \qquad (4-19)$$

式中，$Z/2$ 为单面间隙值，mm，末次拉深或精密拉深件取小值，中间拉深取大值；t_{max} 为材料厚度的上限值，mm。

（2）用压边圈时

使用压边圈时，单面间隙值按表 4-23 选取。

表 4-23　有压边圈拉深时单面间隙值 $Z/2$　　　　　　　（单位：mm）

拉深总次数	拉深工序	单面间隙	拉深总次数	拉深工序	单面间隙
1	第一次拉深	$(1 \sim 1.1)t$	3	第一次拉深	$1.2t$
2	第一次拉深	$1.1t$		第二次拉深	$1.1t$
	第二次拉深	$(1 \sim 1.05)t$		第三次拉深	$(1 \sim 1.05)t$

（续表）

拉深总次数	拉深工序	单面间隙	拉深总次数	拉深工序	单面间隙
4	第一、二次拉深	$1.2t$	5	第一、二、三次拉深	$1.2t$
	第三次拉深	$1.1t$		第四次拉深	$1.1t$
	第四次拉深	$(1\sim1.05)t$		第五次拉深	$(1\sim1.05)t$

注：① 材料厚度 t 取材料允许偏差的中间值。

② 当拉深精密工件时，对最末一次拉深间隙取 $Z/2 = t$。

（3）对于精度要求较高的拉深件，为了减小拉深后的回弹，降低零件的表面粗糙度，常采用负间隙拉深，其单面间隙值为

$$Z/2 = (0.9 \sim 0.95)t \tag{4-20}$$

4.8.3 凸、凹模工作部分尺寸及制造公差

1. 凸、凹模工作部分尺寸计算

拉深凸、凹模工作部分尺寸计算及凸、凹模制造公差的确定，仅在最后一道工序考虑，对于中间工序没有必要严格要求。因此，中间工序模具尺寸可以直接取工序尺寸。最后一道工序拉深模凸、凹模工作部分尺寸及公差应根据工件的要求来确定。

（1）当工件要求外形尺寸时，以凹模尺寸为基准进行计算，如图 4-43（a）所示。凹模和凸模工作部分的尺寸及公差分别为

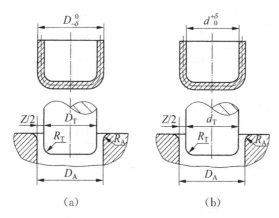

图 4-43 工件尺寸与模具尺寸

(a)工件要求外形尺寸；(b)工件要求内形尺寸

$$D_A = (D - 0.75\Delta)_0^{+\delta_A} \tag{4-21}$$

$$D_T = (D - 0.75\Delta - Z)_{-\delta_T}^{0} \tag{4-22}$$

（2）当工件要求内形尺寸时，以凸模尺寸为基准进行计算，如图 4-43（b）所示。凸模和凹模工作部分的尺寸及公差分别为

$$d_T = (D - 0.4\Delta)_{-\delta_T}^{0} \tag{4-23}$$

$$d_A = (d - 0.4\Delta + Z)^{+\delta_A}_{0} \tag{4-24}$$

（3）对于中间各道工序的拉深模，由于其毛坯尺寸及公差没有必要予以严格限制，这时凸模和凹模工作尺寸取相应工序的工序件尺寸即可。若以凹模为基准，则凹模和凸模工作部分的尺寸及公差分别为

$$D_A = D^{+\delta_A}_{0} \tag{4-25}$$

$$D_T = (D - Z)^{0}_{-\delta_T} \tag{4-26}$$

式中，Δ 为工件的公差，mm；δ_T 为凸模的制造偏差，mm；δ_A 为凹模的制造偏差，mm；Z 为凸、凹模间的间隙，mm。

2. 凸、凹模制造公差

圆筒件拉深凸、凹模制造公差根据工件的材料厚度与工件直径来选取，如表 4-24 所示。

表 4-24　圆形拉深凸、凹模制造偏差　　　　　　　（单位：mm）

材料厚度	拉深件直径							
	$\leqslant 10$		$10 \sim 50$		$50 \sim 200$		$200 \sim 500$	
	δ_A	δ_T	δ_A	δ_T	δ_A	δ_T	δ_A	δ_T
0.25	0.015	0.010	0.02	0.010	0.03	0.015	0.03	0.015
0.35	0.020	0.010	0.03	0.020	0.04	0.020	0.04	0.025
0.50	0.030	0.015	0.04	0.030	0.05	0.030	0.05	0.035
0.80	0.040	0.025	0.06	0.035	0.06	0.040	0.06	0.040
1.00	0.045	0.030	0.07	0.040	0.08	0.050	0.08	0.060
1.20	0.055	0.040	0.08	0.050	0.09	0.060	0.10	0.070
1.50	0.065	0.050	0.09	0.060	0.10	0.070	0.12	0.080
2.00	0.080	0.055	0.11	0.070	0.12	0.080	0.14	0.090
2.50	0.095	0.060	0.13	0.085	0.15	0.100	0.17	0.120
3.50			0.15	0.100	0.18	0.120	0.20	0.140

注：① 表列数值适用于未精压的薄钢板。
　　② 如用精压钢板，则凸模及凹模的制造偏差等于表列数值的 20%～25%。
　　③ 对于有色金属，则凸模及凹模的制造偏差等于表列数值的 50%。

3. 拉深凸模排气孔尺寸

当凸、凹模间隙较小或制件较深时，为便于凸模下行时制件封闭容腔内气体的顺利排出，避免制件变形及黏膜拉裂，通常在凸模上开有排气孔，如图 4-44 所示。凸模排气孔直径的大小参见表 4-25。

表 4-25　拉深凸模排气孔尺寸　　　　　　　　　（单位：mm）

凸模直径	$\leqslant 50$	$50 \sim 100$	$100 \sim 200$	>200
排气孔直径	5	6.5	8	9.5

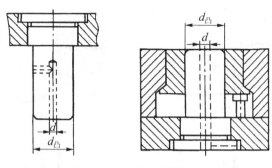

图 4 - 44　拉深凸模排气孔

4.8.4　凸、凹模的结构

拉深凸模和凹模结构形式的设计要有利于拉深变形,以提高工件质量,降低极限拉深系数。下面介绍几种常用的结构形式。

1. 无压边圈的拉深凸模和凹模结构

对于可一次拉深成形的浅拉深件,无压边拉深凹模结构如图 4 - 45 所示。图 4 - 45(a)为普通带圆弧的平端面凹模,一般适用于拉深大件;图 4 - 45(b)锥形凹模结构和图 4 - 45(c)渐开线形凹模结构形式使毛坯在拉深时的过渡部分呈曲面形状,可以增大其抗失稳能力,减小摩擦阻力和弯曲变形的阻力,所以对拉深变形有利,可以提高零件质量,减小拉深系数,一般适用于小件。

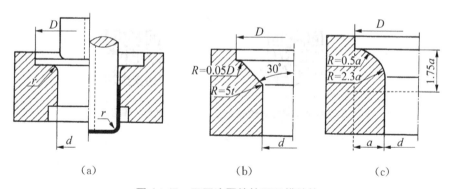

(a)　　　　　　　　　(b)　　　　　　　　　(c)

图 4 - 45　无压边圈的拉深凹模结构

(a)带圆弧的平端面凹模;(b)锥形凹模;(c)渐开线形凹模

2. 带压边圈的拉深凸模和凹模

如图 4 - 46 所示为带压边圈的拉深凸模和凹模结构。图 4 - 46(a)所示为有圆角半径的凸模和凹模结构,多用于拉深尺寸较小($d < 100$ mm)的工件,以及带宽凸缘与形状复杂的零件;图 4 - 46(b)所示为带有斜角的凸模与凹模结构,采用这种结构不仅使毛坯在下次工序中容易定位,而且能减轻毛坯的反复弯曲变形,提高了拉深时材料变形的条件,减少了材料的变薄,有利于提高冲压件侧壁的质量,多用于拉深尺寸较大的中大型工件。

不论采用哪种凸、凹模结构形式,设计时必须十分注意前后两道工序的凸、凹模形状和

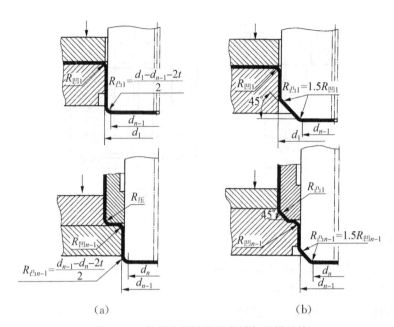

图 4‑46　带压边圈的拉深凸模与凹模结构
(a)有圆角半径的凸模和凹模；(b)有斜角的凸模与凹模

尺寸的正确关系，使前道工序所得的工序件形状和尺寸有利于后道工序的成形，而后道工序的凸、凹模及压料圈的形状与前道工序所得工序件吻合，尽量避免坯料在成形过程中的反复弯曲。

拓展：凸缘筒形件拉深模设计　　　　　　思考与练习四

第5章

其他成形工艺与模具设计

在冲压生产中,除冲裁、弯曲和拉深工序以外,还有一些是通过板料的局部变形来改变毛坯的形状和尺寸的冲压成形工序,如翻边、胀形、校形等,这类冲压工序统称为其他冲压成形工序。应用这些工序可以加工许多复杂零件。

5.1 翻边

翻边是在模具的作用下,将毛坯或半成品的孔边缘或外边缘冲制成竖立边的成形方法。当翻边的沿线是一条直线时,翻边变形就转变成弯曲,所以可以将弯曲理解为一种特殊的翻边形式。但弯曲时毛坯的变形仅限于弯曲线的圆角部分,而翻边时毛坯的圆角部分和边缘部分都是变形区,因此翻边变形较弯曲变形复杂得多。根据坯料的边缘状态和应力、应变状态的不同,翻边可以分为内孔翻边和外缘翻边,也可分为伸长类翻边和压缩类翻边。

5.1.1 内孔翻边

圆孔翻边可分为圆孔内孔翻边和非圆孔内孔翻边。

1. 圆孔内孔翻边

1)圆孔内孔翻边的变形特点

为了分析翻边时金属的变形情况,可预先在坯料上画出距离相等的坐标网格如图 5-1 (a)所示,放入翻边模内进行内孔翻边。翻边后从图 5-1(b)所示的冲裁件坐标网格的变化可以看出:坐标网格由扇形变为了矩形,说明金属沿切向伸长,越靠近孔口伸长越大。同心圆之间的距离变化不明显,即金属在径向变形很小。竖边的壁厚有所减薄,尤其在孔口处减薄较为显著。由此不难分析,翻边时坯料的变形区是 d 和 D_1 之间的环形部分。变形区受两向拉应力即切向拉应力 σ_3 和径向拉应力 σ_1 的作用,如图 5-1(c)所示,其中切向拉应力是最大主应力。在坯料孔口处切向拉应力达到最大值。因此,内孔翻边的成形障碍在于孔口边缘被拉裂,破裂的条件取决于翻边时材料变形程度的大小。

2)圆孔内孔翻边的变形程度

圆孔内孔翻边的变形程度用翻边系数 K 表示,翻边系数为翻边前孔径 d 与翻边后孔径 D 的比值,即

$$K = \frac{d}{D} \tag{5-1}$$

式中,K 值越小,则变形程度越大。翻边时,孔边缘不破裂所能达到的最小翻边系数为极

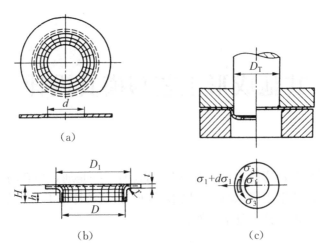

图 5-1   圆孔内孔翻边时的应力与变形情况

限翻边系数,用 K_{min} 表示。如表 5-1 所示,列出了低碳钢一组极限翻边的系数值,对于其他材料,按其塑性情况,可参考表列数值适当增减。从表 5-1 中的数值可以看出,影响极限翻边系数的因素很多,除材料塑性外,还有翻边凸模的形式、孔的加工方法及预制孔的相对直径(孔径与板料厚度的比值)等。

表 5-1   低碳钢的极限翻边系数 K_{min}

凸模形状	预制孔形状	K_{min}									
		预制孔相对直径 d/t									
		100	50	35	20	15	10	8	5	3	1
球形凸模	钻孔	0.70	0.60	0.52	0.45	0.40	0.36	0.33	0.30	0.25	0.20
	冲孔	0.75	0.65	0.57	0.52	0.48	0.45	0.44	0.42	0.42	—
平底凸模	钻孔	0.85	0.70	0.60	0.50	0.45	0.42	0.40	0.35	0.30	0.25
	冲孔	0.85	0.75	0.65	0.60	0.55	0.52	0.50	0.48	0.47	—

注:采用表中 K_{min} 值,实际翻边后口部边缘会出现小的裂纹,如果工件不允许开裂,则翻边系数需加大 10%~15%。

极限翻边系数与众多因素有关,主要因素如下:

(1)材料的塑性。材料的延伸率 δ、应变硬化指数 n 和各向异性系数 r 越大,极限翻边系数就越小,越有利于翻边。

(2)孔的加工方法。预制孔的加工方法决定了孔的边缘状况,当孔的边缘无毛刺、撕裂、硬化层等缺陷时,极限翻边系数小,有利于翻边。目前,预制孔主要用冲孔或钻孔方法进行加工,由表 5-1 可知,钻孔比一般冲孔的 K_{min} 小。采用常规冲孔方法生产率高,特别适于加工较大的孔,但会形成孔口表面的硬化层、毛刺、撕裂等缺陷,导致极限翻边系数变大。采取冲孔后热处理退火、修孔或沿与冲孔方向相反的方向进行翻孔以使毛刺位于翻孔内侧等方法,能获得较小的极限翻边系数。用钻孔后去毛刺的方法也能获得较小的极限翻边系数,但生产率要低一些。

（3）预制孔的相对直径。由表 5-1 可知，预制孔的相对直径 d/t 越小，极限翻边系数越小，越有利于翻边。

（4）凸模的形状。由表 5-1 可知，球形凸模的极限翻边系数比平底凸模的小。此外，抛物面、锥形面和较大圆角半径的凸模也比平底凸模的极限翻边系数小。因为在翻边变形时，球形或锥形凸模在凸模前端最先与预制孔口接触，在凹模口区产生的弯曲变形比平底凸模的小，更容易使孔口部产生塑性变形。所以当翻边后孔径 D 和材料厚度 t 相同时，可以翻边的预制孔径更小，因而极限翻边系数就越小。

3）翻边后的厚度变化

塑性力学可以证明，在翻边过程中，变形区的宽度基本保持不变，即径向应变几乎为零。根据体积不变条件，由于变形的切向应变为拉应变，所以翻边后直壁部分板厚将变薄。而且由于切向应变沿径向分布是不均匀的，则板厚变薄也是不均匀的。在切向伸长变形最大的底孔边缘翻边后变薄最严重，翻孔系数较小时，最小板厚 t_{min} 可能小于 $0.75t$。翻边后竖边最小厚度，可按下式计算，即

$$t' = t\sqrt{\frac{d}{D}} = t\sqrt{K} \tag{5-2}$$

式中，t' 为翻边后竖边边缘的厚度，mm；t 为板料坯料的原始厚度，mm；K 为翻边系数。

4）圆孔内孔翻边的工艺设计计算

（1）平板坯料翻边的工艺计算　当翻边系数 K 大于极限翻边系数 K_{min} 时，可采用平板坯料冲孔、翻边成形工艺，如图 5-2 所示，其中

$$d = D - 2(H - 0.43r - 0.72t) \tag{5-3}$$

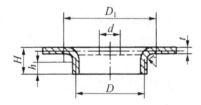

图 5-2　平板毛坯翻边

竖边高度为

$$H = \frac{D}{2}\left(1 - \frac{d}{D}\right) + 0.43r + 0.72t \tag{5-4}$$

或

$$H = \frac{D}{2}(1 - K) + 0.43r + 0.72t \tag{5-5}$$

如果以极限翻边系数 K_{min} 代入，则可求出一次翻边能达到的最大极限高度为

$$H_{max} = \frac{D}{2}(1 - K_{min}) + 0.43r + 0.72t \tag{5-6}$$

式（5-6）是按中性层长度不变的原则推导的，是近似公式，生产实际中往往通过试冲来检

验和修正计算值。当 $K \leqslant K_{min}$ 时,可采用多次翻边,由于在第二次翻边前往往要将中间毛坯进行软化退火,故该方法较少采用。对于一些较薄料的小孔翻边,可以不先加工预制孔,而是采用带尖的锥形凸模在翻边时先完成刺孔,继而进行翻边。

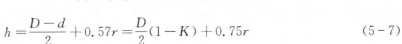

图5-3 预先拉深的翻边

（2）先拉深后冲底孔再翻边的工艺计算 当 $K \leqslant K_{min}$ 时,可采用预先拉深,在底部冲孔然后再翻边的方法。在这种情况下,应先确定预拉深后翻边所能达到的最大高度,然后根据翻边高度及零件高度来确定拉深高度及预冲孔直径。如图5-3所示,先拉深后翻边的高度 h 为

$$h = \frac{D-d}{2} + 0.57r = \frac{D}{2}(1-K) + 0.75r \tag{5-7}$$

用 K_{min} 代替 K,则可求得翻边的极限高度为

$$h_{max} = \frac{D}{2}(1-K_{min}) + 0.75r \tag{5-8}$$

此时预先冲孔的直径 d 为

$$d = K_{min}D \tag{5-9}$$

或

$$d = D + 1.14r - 2h_{max} \tag{5-10}$$

拉深高度 h' 为

$$h' = H - h_{max} + r \tag{5-11}$$

先拉深后翻边的方法是一种很有效的方法,但若先加工预制孔后拉深,则孔径有可能在拉深过程中变大,使翻边后达不到要求的高度,这一点应加以考虑。

5）翻边力计算

用圆柱形平底凸模翻边时,翻边力的计算公式为

$$F = 1.1\pi(D-d)t\sigma_s \tag{5-12}$$

用锥形或球形凸模翻边的力略小于式（5-12）的计算值。

6）翻边模工作部分的设计

翻边凹模圆角半径一般对翻边成形影响不大,可取值为零件的圆角半径。翻边凸模圆角半径应尽量取大些,以利于翻边变形。翻边凸模的形状有平底形、曲面形（球形、抛物线形等）和锥形。图5-4所示为几种常见的翻边凸、凹模的结构形状,其中凸模直径 D_0 段为凸模工作部分,凸模直径 d_0 段为导正部分,1为整形台阶,2为锥形过渡部分。图5-4（a）所示为带导正销的锥形凸模,当竖边高度不高、竖边直径大于 10 mm 时,可设计整形台阶,否则可不设整形台阶,当翻边模采用压边圈时也可不设整形台阶;图5-4（b）所示为一种双圆弧形无导正销的曲面形凸模,当竖边直径大于 6 mm 时用平底,当竖边直径小于或等于 6 mm 时用圆底;图5-4（c）所示为带导正销的凸模,当竖边直径小于 4 mm 时,可同时冲孔和翻边。此外,还有用于无预制孔的带尖锥形凸模。

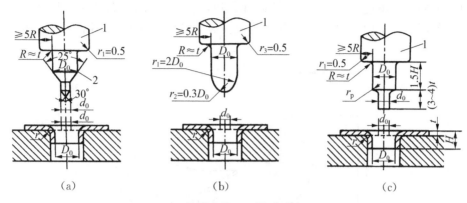

1—整形台阶；2—锥形过渡。

图 5-4　翻边凸、凹模的形状和尺寸

由于翻边变形区材料变薄，所以为了保证竖边的尺寸及其精度，翻边凸、凹模间隙以稍小于材料厚度 t 为宜，可取单边间隙 $\dfrac{Z}{2}$ 为

$$\frac{Z}{2}=(0.75\sim0.85)t \tag{5-13}$$

上式中，0.75 用于拉深后冲孔翻边，0.85 用于平坯冲孔翻边。若翻边成螺纹底孔或与轴配合的小孔，则取 $\dfrac{Z}{2}=0.7t$ 左右。

2. 非圆孔内孔翻边

图 5-5 所示为非圆孔内孔翻边。从变形情况看，可以沿孔边分成 Ⅰ、Ⅱ、Ⅲ 三种性质不同的变形区，其中只有 Ⅰ 区属于圆孔内孔翻边变形，Ⅱ 区为直边，属于弯曲变形，而 Ⅲ 区和拉深变形相似。由于 Ⅱ 区和 Ⅲ 区两部分的变形性质可以减轻 Ⅰ 区部分的变形程度，所以非圆孔内孔翻边系数可以小于圆孔内孔翻边系数。非圆孔内孔翻边较圆孔内孔翻边的极限翻边系数要小一些，其值可近似计算，即

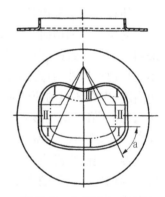

图 5-5　非圆孔内孔翻边

$$K'_{\min}=K_{\min}\alpha/180° \tag{5-14}$$

式中，$K'_{\min}$ 为非圆孔内孔翻边的极限翻边系数；$K_{\min}$ 为圆孔内孔翻边的极限翻边系数；α 为曲率部位中心角。

式（5-14）只适用于中心角 $\alpha\leqslant180°$ 的情况。当 $\alpha>180°$ 或直边部分很短时，直边部分的影响已不明显，极限翻边系数的数值按圆孔内孔翻边计算。

5.1.2　外缘翻边

按变形的性质，外缘翻边可分为伸长类翻边和压缩类翻边。

1. 伸长类翻边

伸长类翻边如图 5-6 所示。图（a）为沿不封闭内凹曲线进行的平面翻边，图（b）为在曲面

坯料上进行的伸长类翻边。其变形类似于圆孔翻边,它们的共同特点是坯料变形区主要在切向拉应力的作用下产生切向伸长变形,边缘容易拉裂。其变形程度 $\varepsilon_{伸}$ 用下式表示,即

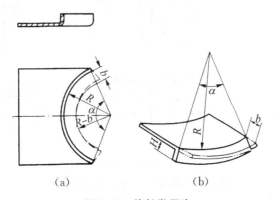

图 5-6 伸长类翻边
(a)伸长类平面翻边;(b)伸长类曲面翻边

$$\varepsilon_{伸} = \frac{b}{R-b} \tag{5-15}$$

式中,b 为外缘翻边宽度,mm;R 为曲率半径,mm。其极限变形程度如表 5-2 所示。

伸长类外缘翻边时,其变形类似于内孔翻边,但由于是沿不封闭曲线翻边,坯料变形区内切向的拉应力和切向的伸长变形沿翻边线的分布是不均匀的,在中部最大,而两端为零。假如采用宽度 b 一致的坯料形状,则翻边后零件的高度就不是平齐的,而是两端高度大,中间高度小的直边。另外,直边的端线也不垂直,而是向内倾斜成一定的角度。为了得到平齐一致的翻边高度,应在坯料的两端对坯料的轮廓线做必要的修正,采用如图 5-6(a)中虚边所示的形状,其修正值根据变形程度和 α 的大小而不同。如果翻边的高度不大,而且翻边沿线的曲率半径很大时,则可以不做修正。

伸长类曲面翻边时,为防止坯料底部在中间部位上出现起皱现象,应采用较强的压料装置。为创造有利于翻边变形的条件,防止在坯料的中间部位上过早地进行翻边,而引起径向和切向方向上过大的伸长变形,甚至开裂,应使凹模和顶料板的曲面形状与工件的曲面形状相同,而凸模的曲面形状应修正成为如图 5-7 所示的形状。另外,冲压方向的选取,也就是坯料在翻边模的位置,应对翻边变形提供尽可能有利的条件,应保证翻边作用力在水平方向上的平衡,通常取冲压方向与坯料两端切线构成的角度相同,如图 5-8 所示。

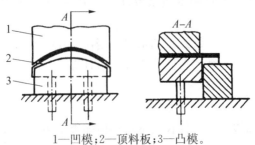

1—凹模;2—顶料板;3—凸模。

图 5-7 伸长类曲面翻边凸模形状的修正

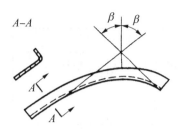

图 5-8　曲面翻边时的冲压方向

2. 压缩类翻边

图 5-9(a)所示为沿不封闭外凸曲线进行的平面翻边,图 5-9(b)为压缩类曲面翻边。它们的共同特点是变形区主要在切向压应力的作用下产生切向压缩,在变形过程中材料容易起皱。其变形程度 $\varepsilon_压$ 用式(5-16)表示,即

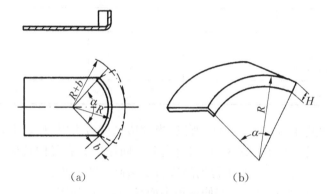

(a)　　　　　　　　　(b)

图 5-9　压缩类翻边
(a)压缩类平面翻边;(b)压缩类曲面翻边

$$\varepsilon_压 = \frac{b}{R+b} \tag{5-16}$$

式中,b 为外缘翻边宽度,mm;R 为曲率半径,mm。其极限变形程度如表 5-2 所示。

表 5-2　外翻边时材料的允许变形程度

材料名称及编号		$\varepsilon_伸 \times 100\%$		$\varepsilon_压 \times 100\%$	
		橡皮成形	模具成形	橡皮成形	模具成形
铝合金	L4 软	25	30	6	40
	L4 硬	5	8	3	12
	LF21 软	23	30	6	40
	LF21 硬	5	8	3	12
	LF2 软	20	25	6	35
	LF2 硬	5	8	3	12
	LY12 软	14	20	6	30

（续表）

材料名称及编号		$\varepsilon_\text{伸} \times 100\%$		$\varepsilon_\text{压} \times 100\%$	
		橡皮成形	模具成形	橡皮成形	模具成形
	LY12 硬	6	8	0.5	9
	LY11 软	14	20	4	30
	LY11 硬	5	6	0	0
黄铜	H62 软	30	40	8	45
	H62 半硬	10	14	4	16
	H68 软	35	45	8	55
	H68 半硬	10	14	4	16
钢	10		38		10
	20		22		10
	1Cr18Ni9 软		15		10
	1Cr18Ni9 硬		40		10
	2Cr18Ni9		40		10

压缩类平面翻边其变形类似于拉深，所以，当翻边高度较大时，模具上也要带有防止起皱的压料装置。由于是沿不封闭曲线翻边，翻边线上切向压应力和径向拉应力的分布是不均匀的，即中部最大，而在两端最小。为了得到翻边后竖边高度平齐而两端线垂直的零件，必须修正坯料的展开形状，修正的方向恰好和伸长类平面翻边相反，如图 5-9(a) 虚线所示。压缩类曲面翻边时，坯料变形区在切向压应力作用下产生的失稳起皱是限制变形程度的主要因素，如果把凹模的形状做成图 5-10 所示的形状，可以使中间部分的切向压缩变形向两侧扩展，使局部的集中变形趋向均匀，减少起皱的可能性，同时对坯料两侧在偏斜方向上进行冲压的情况也有一定的改善。冲压方向的选择原则与伸长类曲面翻边时相同。

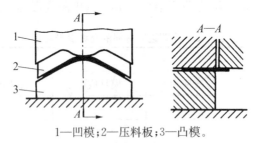

1—凹模；2—压料板；3—凸模。

图 5-10　压缩类曲面翻边凹模形状的修正

5.1.3　翻边模的结构

1. 典型单工序翻边模结构

图 5-11 所示为内孔翻边模，其结构与拉深模基本相似。翻边前在平板毛坯上冲出一底孔，翻边凸模顶端呈锥形，确保毛坯在模具上的定位。翻边后由卸料板或打杆将冲压件从凸模

上推出或从凹模里打下。

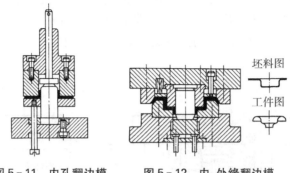

图 5-11　内孔翻边模　　图 5-12　内、外缘翻边模

图 5-12 所示为内、外缘同时翻边的模具。由于该零件需要同时进行内孔和外缘翻边,毛坯为拉深预冲孔件。翻边前,将毛坯放入凸、凹模的台阶孔里初定位;翻边时,利用翻边凸模前端锥形部分对毛坯进行精定位,同时利用翻边凸模外的整形凸模对零件进行拉深内孔整形。为保证顺利翻边,内孔和外缘翻边分步进行,先翻内孔,后翻外缘。依靠顶件装置和打料装置将零件从凸凹模和凸模上卸料。

2. 落料、拉深、冲孔、翻边复合模

图 5-13 所示为落料、拉深、冲孔、翻边复合模。凸凹模 8 与落料凹模 4 均固定在固定板 7 上,以保证同轴度。冲孔凸模 2 压入凸凹模 1 内,并以垫片 10 调整它们的高度差,以此控制冲孔前的拉深高度,确保翻出合格的零件高度。该模具的工作顺序是上模下行,首先在凸凹模 1 和凹模 4 的作用下落料。上模继续下行,在凸凹模 1 和凸凹模 8 相互作用下将坯料拉深,冲床缓冲器的力通过顶杆 6 传递给顶件块 5 并对坯料施加压料力。当拉深到一定深度后由冲孔凸模 2 和凸凹模 8 进行冲孔并翻边。当上模回升时,在顶件块 5 和推件块 3 的作用下将工件顶出,条料由卸料板 9 卸下。

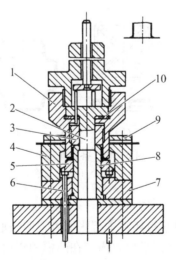

1、8—凸凹模;2—冲孔凸模;3—推件块;4—落料凹模;5—顶件块;6—顶杆;7—固定板;9—卸料板;10—垫片。

图 5-13　落料、拉深、冲孔、翻边复合模

3. 倒装翻孔模

图 5 - 14 所示为倒装翻孔模,使用大圆角圆柱形翻边凸模。毛坯为拉深预冲孔件,工件定位时将预冲孔套在定位销 8 上定位,压边靠弹顶器顶起托料板 6 进行压边。当翻边后上模回升时,工件若留在上模时由打杆 13 推动推件块 9 从凹模 7 中推下。

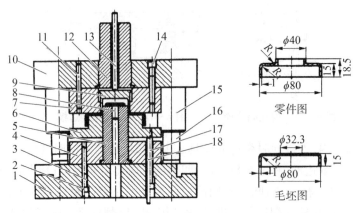

1—下模座;2、11—销钉;3、14—螺钉;4—下固定板;5—凸模;6—托料板;7—凹模;8—定位销;
9—推件块;10—上模座;12—模柄;3—打杆;15—导套;16—导柱;18—顶杆。

图 5 - 14　倒装翻孔模

5.2　胀形

在冲压生产中,一般将空心件或管状件沿径向向外扩张的成形工序称为胀形,这种成形工序和平板坯料的局部凸起变形,在变形性质上基本相同。因此,可以把在坯料的平面或曲面上使之凸起或凹进的成形统称为胀形,如图 5 - 15 所示为各种胀形件。

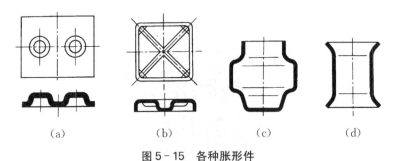

图 5 - 15　各种胀形件

5.2.1　变形特点

图 5 - 16 所示的球形凸模对平板坯料进行胀形可说明胀形的基本特点。由于坯料被有压料筋的压边圈压住,变形区限制在凹模口以内。在凸模的作用下,变形区大部分材料受双向拉应力作用而变形,其厚度变薄,表面积增大,形成一个凸起。在一般情况下,胀形变形区内金属不会产生失稳起皱,表面光滑,质量好。由于坯料的厚度相对其外形尺寸极小,胀形时双向拉应力在板厚方向上的变化很小,从坯料的内表面到外表面分布较均匀,因此当胀形力去除后,

零件内、外回弹方向一致,这样回弹就小,零件形状容易保持,精度也容易保证。

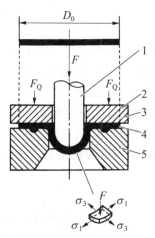

1—凸模;2—压料筋;3—压边圈;4—坯料;5—凹模。

图 5-16　胀形变形特点

胀形工艺与拉深工艺不同,毛坯的塑性变形区局限于变形区范围,材料不向变形区外转移也不从外部进入变形区内,是靠毛坯的局部变薄来实现的。一般情况下,胀形变形区内金属不会产生失稳起皱,表面光滑。由于拉应力在毛坯的内外表面分布均匀,因为弹幅较小,工件形状容易冻结,尺寸精度容易保证。

5.2.2　平板坯料的起伏成形

平板毛坯的局部胀形俗称起伏成形,主要应用于增强零件的刚度与强度,常见于加工加强筋、局部凹坑、文字、花纹等,如图 5-17 所示。该成形方法的极限变形程度通常有两种确定方法,即试验法和计算法。起伏成形的极限变形程度主要受材料性能、零件几何形状、模具结构、胀形方法以及润滑等因素的影响。特别是复杂形状的零件,其内部应力与应变的分布比较复杂,危险部位和极限变形程度一般通过试验方法确定。对于比较简单的起伏成形零件,可近似地确定其极限变形程度,即

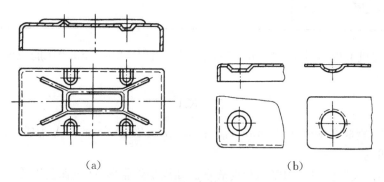

（a）　　　　　　　　　　　　　（b）

图 5-17　起伏成形

$$\varepsilon_{\text{极}} = \frac{l_1 - l_0}{l_0} \times 100\% \leqslant K\delta \tag{5-17}$$

式中，$\varepsilon_{极}$ 为起伏成形的极限变形程度；l_0、l_1 为胀形变形区变形前、后截面的长度；K 为形状系数，加强筋 $K = 0.7 \sim 0.75$（半圆筋取大值，梯形筋取小值）；δ 为材料单向拉伸的延伸率。

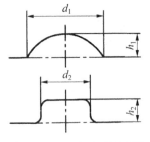

图 5-18　两次胀形示意图

要提高胀形极限变形程度，可以采用图 5-18 所示的两次胀形法，第一次用大直径的球凸模使变形区达到在较大范围内聚料和均化变形的目的，得到最终所需的表面积材料；第二次胀形到所要求的尺寸。如果制件圆角半径超过了极限范围，还可以采用先加大胀形凸模圆角半径和凹模圆角半径，胀形后再整形的方法成形。另外，减小凸模表面粗糙度值、改善模具表面的润滑条件也能取得一定的效果。

1. 压制加强筋

常见的加强筋形式和尺寸如表 5-3 所示。加强筋结构比较复杂，所以成形极限多用总体尺寸表示。当加强筋与边框距离为 $(3 \sim 3.5)t$ 时，由于在成形过程中边缘材料要向内收缩，成形后需增加切边工序，因此应预留切边余量。多凹坑胀形时，还要考虑到凹坑之间的影响。用刚性凸模压制加强筋的变形力为

$$F = KLt\sigma_b \tag{5-18}$$

式中，K 为系数，$K = 0.7 \sim 1$，加强筋形状窄而深时取大值，宽而浅时取小值；L 为加强筋的周长，mm；t 为料厚，mm；σ_b 为材料的抗拉强度，MPa。

表 5-3　常见的加强筋形式和尺寸　　　　　　　　　　　　（单位：mm）

简图	R	h	r	B	α
	$(3 \sim 4)t$	$(2 \sim 3)t$	$(1 \sim 2)t$	$(7 \sim 10)t$	—
	—	$(1.5 \sim 2)t$	$(0.1 \sim 1.5)t$	$\geqslant 3h$	$15° \sim 30°$

在曲柄压力机上用薄料（$t < 1.5\,\text{mm}$）对小工件（面积 $< 2\,000\,\text{mm}^2$）压筋或压筋兼有校形工序时的变形力为

$$F = KAt^2 \tag{5-19}$$

式中，K 为系数，钢取 $200 \sim 300\,\text{N/mm}^2$，铜、铝取 $150 \sim 200\,\text{N/mm}^2$；$A$ 为成形面积，mm^2。

2. 压制凹坑

压制凹坑时，成形极限常用胀形深度表示。如果是纯胀形，凹坑深度因受材料塑性限制不能太大。用球头凸模对低碳钢、软铝等胀形时，可达到的极限胀形深度 h 约等于球头直径 d 的 $1/3$。用平头凸模胀形可能达到的极限胀形深度取决于凸模圆角半径，其取值范围如表 5-4 所示。

表 5-4　平板毛坯凹坑的极限胀形深度　　　　　　　　　（单位：mm）

简图	材料	极限胀形深度
	软钢	$(0.15\sim0.20)d$
	铝	$(0.10\sim0.15)d$
	黄铜	$(0.15\sim0.22)d$

若工件底部允许有孔，可以预先冲出小孔，使其底部中心部分材料在胀形过程中易于向外流动，以达到提高成形极限的目的，有利于达到胀形要求。

5.2.3　空心毛坯的胀形

空心毛坯的胀形是将空心件或管状坯料的形状加以改变，使材料沿径向拉深，胀出凸起曲面的工艺方法，如高压气瓶、球形容器、波纹管、自行车三通接头、壶嘴、皮带轮等零件。空心毛坯的胀形分为刚模胀形和软模胀形。

在图 5-19 所示的刚模胀形中，分瓣凸模向下移动时因锥形芯轴的作用向外胀开，从而得到所需形状尺寸的工件。在胀形结束后，分瓣凸模在顶杆的作用下复位，便可取出工件。刚性凸模分瓣越多，所得到的工件精度越高，但模具结构复杂，成本较高。因此，用分瓣凸模刚模胀形不宜加工形状复杂的零件。

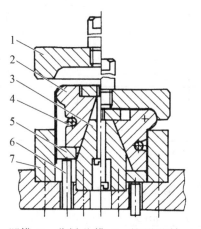

1—凹模；2—分瓣凸模；3—锥形芯轴；4—
拉簧；5—毛坯；6—顶杆；7—下凹模。

图 5-19　刚模胀形

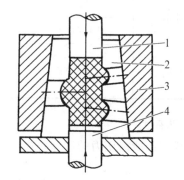

1、4—凸模压柱；2—分块凹模；3—模套。

图 5-20　自行车多通接头软模胀形

在图 5-20 所示的软模胀形中，凸模将力传递给液体、气体、橡胶等软体介质，软体介质再将力作用于毛坯使之胀形并贴合于可以对开的分块凹模 2，从而得到所需形状尺寸的工件。

1. 胀形系数

空心毛坯胀形的变形程度用胀形系数表示，即

$$K = \frac{d_{\max}}{d_0} \tag{5-20}$$

式中, K 为胀形系数,极限胀形系数(d_{max} 达到胀破时的极限值 d'_{max})用 K_{max} 表示; d_0 为毛坯直径; d_{max} 为胀形后工件的最大直径。

极限胀形系数与工件许用延伸率的关系式为

$$\delta_W = \frac{\pi d'_{max} - \pi d_0}{\pi d_0} = K_{max} - 1 \tag{5-21}$$

$$K_{max} = 1 + \delta_w \tag{5-22}$$

如表 5-5 列出了部分材料的极限胀形系数和切向许用延伸率 δ_w 的试验值。如采取轴向加压或对变形区局部加热等辅助措施,还可以提高极限变形程度。

表 5-5　极限胀形系数和切向许用延伸率

材料		厚度	极限胀形系数	切向许用延伸率 δ_W/%
纯铝	L1、L2	1.0	1.28	28
	L3、L4	1.5	1.32	32
	L5、L6	2.0	1.32	32
铝合金	LF21-M	0.5	1.25	25
黄钢	H62	0.5~1.0	1.35	35
	H68	1.5~2.0	1.40	40
低碳钢	08F	0.5	1.20	20
	10、20	1.0	1.24	24
不锈钢	1Cr18Ni9T	0.5	1.26	26
		1.0	1.28	28

2. 胀形力

刚模胀形所需压力的计算公式可以根据力的平衡方程式推导得到,即

$$F = 2\pi H t \sigma_b \cdot \frac{\mu + \tan\beta}{1 - \mu^2 - 2\mu\tan\beta} \tag{5-23}$$

式中, F 为所需胀形压力; H 为胀形后的高度; t 为材料厚度; σ_b 为材料的抗拉强度; μ 为摩擦系数,一般 $\mu = 0.15 \sim 0.20$; β 为芯轴锥角,一般 $\beta = 8°$、$10°$、$12°$、$15°$。

圆柱形空心毛坯软模胀形时,所需胀形压力 $F = Ap$, A 为成形面积,单位压力 p 为

$$p = 2\sigma_b \left(\frac{t}{d_{max}} + m \cdot \frac{t}{2R} \right) \tag{5-24}$$

式中, σ_b 为材料的抗拉强度; m 为约束系数,当毛坯两端不固定且轴向可以自由收缩时, $m = 0$;当毛坯两端固定且轴向不可以自由收缩时, $m = 1$。

其他符号的含义如图 5-21 所示。

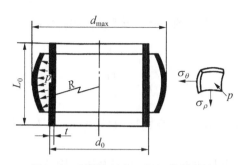

图 5 - 21　圆柱形空心毛坯软模胀形

3. 胀形毛坯长度的计算

圆柱形空心毛坯胀形时,为增加材料在周围方向的变形程度和减小材料的变薄,毛坯两端一般不固定,使其自由收缩。因此,毛坯长度 L_0(见图 5 - 21)应比工件长度增加一定的收缩量,即

$$L_0 = L[1 + (0.3 \sim 0.6)\delta_w] + \Delta h \tag{5-25}$$

式中,L 为工件的母线长度,mm;δ_w 为工件切向许用延伸率,如表 5 - 5 所示;Δh 为修边余量,5~20 mm。

4. 胀形模的结构

胀形模的凹模一般采用钢、铸铁、锌基合金、环氧树脂等材料制造,其结构可分为整体式和分块式两大类。整体式凹模必须有足够的强度,因为工作压力都由它承受。受力较大的胀形凹模,可带有铸造加强筋,也可以在凹模外面套上一个或几个加强环箍,凹模和环箍间采用过盈配合,组成预应力组合凹模,这比单纯增加凹模壁厚更有效。

分块式胀形凹模必须根据零件合理选择分模面,分块数应尽量减少。在闭合状态下,分模面应紧密贴合,形成完整的凹模形腔,在对缝处不应有间隙和不平。分模块用整体模套固紧。一般取 $\alpha = 10 \sim 15°$ 为宜,太大不易自锁,太小不便于使用。为了防止模块错位,模块之间应通过定位销连接,如图 5 - 22 所示。

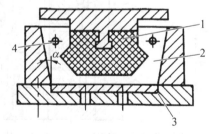

1—橡胶凸模;2—组合凹模;3—推板;4—定位销。

图 5 - 22　橡胶胀形模

橡胶胀形凸模的结构尺寸需设计合理。由于橡胶凸模是主要的承力和传力件,所以必须采用具有一定强度、硬度和弹性的橡胶。橡胶凸模一般在封闭状态下工作,其形状和尺寸应根据零件而定,不仅要保证能顺利进入空心坯料,还要有利于压力的合理分布,使零件的各部位都能很好地紧靠凹模腔。为了制作方便,橡胶凸模最好简化为柱形、锥形和环形等简单的几何

形状,橡胶凸模的直径应略小于坯料的内径。橡胶凸模的直径和高度的计算公式为

$$d = 0.895D \tag{5-26}$$

$$h = \frac{LD^2}{d^2} \tag{5-27}$$

式中,d 为橡胶凸模直径,mm;D 为空心坯料内径,mm;h 为橡胶凸模高度,mm;L 为空心坯料长度,mm。

考虑橡胶棒受压体积缩小及两端承力面上因摩擦作用,影响局部变形力的发挥,橡胶凸模还应适当增加高度,其总的高度应为

$$H = h_1 + h_2 + h_3 \tag{5-28}$$

式中,h_1 为橡胶凸模的高度,mm;h_2 为压缩后体积减小的高度,mm;h_3 为提高零件两端变形力而增加的高度,mm。

通常有:

$$h_2 + h_3 = (0.1 \sim 0.2)h_1 \tag{5-29}$$

图 5-23 所示为罩盖胀形模具。该模具采用聚氨酯橡胶进行软模胀形,为使零件胀形后便于取出,将凹模分为上下两个部分,胀形上、下模间以止口定位,单边间隙为 0.05 mm。零件侧壁靠橡胶的胀开成形,底部靠压包凸、凹模成形。当模具闭合时,先由弹簧压紧上、下凹模,然后进行胀形。模具的闭合高度为 202 mm,所需压力为 67 kN,选用压力为 259 kN 的开式可倾压力机。

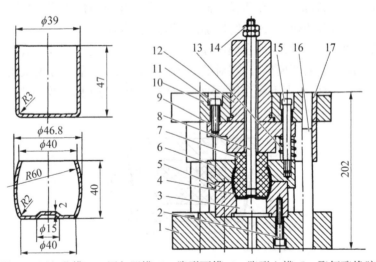

1—下模板;2—螺栓;3—压包凸模;4—压包凹模;5—胀形下模;6—胀形上模;7—聚氨酯橡胶;8—拉杆;9—上固定板;10—上模板;11—螺栓;12—模柄;13—弹簧;14—螺母;15—拉杆螺栓;16—导柱;17—导套。

图 5-23 罩盖胀形模

5.3 校平与整形

校平和整形属于修整性成形工序,大都是在冲裁、弯曲、拉深等冲压工序后进行,主要是为

了提高冲件表面的平面度或把冲件的圆角半径及某些形状尺寸修整到符合零件的要求,这类工序关系到产品的质量及其稳定性,因而应用广泛。这类工序的特点如下所述。

(1) 变形量很小,通常是在局部地方成形以达到修整的目的,使冲件符合零件图纸的要求。

(2) 要求校平和整形后,冲件的误差比较小,因而模具的精度要求比较高。

(3) 要求压力机的滑块到达下极点时,对冲件要施加校正力,因此,所用设备要有一定的刚性。这类工序最好使用精压机,若用一般的机械压力机,则必须带有保护装置,以防损坏设备。

5.3.1　校平

把不平整的冲件放入模具内压平的校形称为校平,主要用于提高冲件的平面度。冲裁件受模具作用呈现出的拱弯,特别以斜刃冲裁和无压料的连续冲裁更为严重,无压料的弯曲件底部也常有拱弯,以及坯料的平面度误差太大时,都需进行校平。校平的变形情况如图 5-24 所示,在校平模具的作用下,坯料产生反向弯曲变形而被压平,并在压力机的滑块到达下极点时被强制压紧,使材料处于三向压应力状态。校平的工作行程不大,但压力很大。校平的方式通常有模具校平、手工校平和在专门校平设备上校平三种。

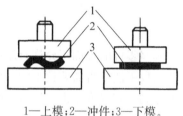

1—上模;2—冲件;3—下模。
图 5-24　校平的变形

平板冲件的校平模具分光面校平模和齿形校平模两种形式。

光面校平模适用于软材料、薄料或表面不允许有压痕的制件。光面校平模改变材料内应力状态的作用不大,仍有较大回弹,特别是对于高强度材料的零件校平效果比较差。在实际生产中,有时将工件背靠背地(弯曲方向相反)叠起来校平,能收到一定的效果。为了使校平不受压力机滑块导向精度的影响,校平模最好采用浮动式结构,如图 5-25 所示。

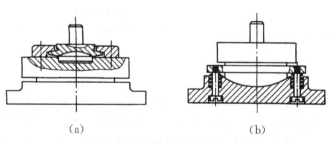

(a)　　　　　　　　　　　　　　　　(b)

图 5-25　光面校平模
(a)上模浮动式;(b)下模浮动式

齿形校平模适用于平直度要求较高或抗拉强度高的较硬材料零件。齿形校平模有尖齿和平齿两种,图 5-26(a)所示为尖齿齿形,图 5-26(b)所示为平齿齿形,齿互相交错。采用尖齿校平模时,模具的尖齿挤压进入材料表面层内一定的深度,形成塑性变形的小网点,改变了材料原有的应力状态,故能减少回弹,校平效果较好。其缺点是在校平零件的表面上留有较深的压痕,而且工件也容易粘在模具上不易脱模,因此在生产中多采用平齿校平模。

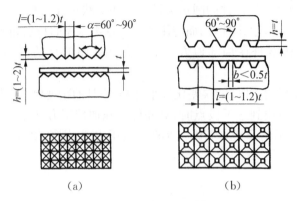

图 5‑26　齿形校平模

(a)尖齿齿形；(b)平齿齿形

当零件的表面不允许有压痕或零件的尺寸较大,且要求具有较高的平直度时,还可以采用加热校平法。将需要校平的零件叠成一定的高度,由夹具压紧成平直状态,然后放进加热炉内加热到一定温度。由于温度升高后材料的屈服强度降低,材料的内应力数值也相应降低,所以回弹变形减小,进而达到校平的目的。

校平力的计算公式为

$$F = p \cdot A \tag{5-30}$$

式中,p 为单位面积上的校平压力,MPa,可查表 5‑6；A 为校平面积,mm^2。

表 5‑6　校平和整形单位面积压力

方法	p/MPa	方法	p/MPa
光面校平模校平	50～80	敞开形制件整形	50～100
细齿校平模校平	80～120	拉深件整形	150～200
粗齿校平模校平	100～150		

5.3.2　整形

整形一般用于拉深、弯曲或其他成形工序之后,用整形的方法可以提高拉深件或弯曲件的尺寸和形状准确度,减小圆角半径。整形模具与一般成形模具相似,前者只是工作部分的精度和表面粗糙度要求更高,圆角半径和凸、凹模之间的间隙取得更小。由于各种冲件的几何形状、精度以及整形内容不同,所用的整形方法也有所不同。

1. 弯曲件整形

弯曲件的整形方法主要有压校和镦校两种。

1）压校

图 5‑27 所示为压校方法,由于材料沿长度方向无约束,整形区的变形特点与该区弯曲时相似,材料内部应力状态的性质变化不大,因而整形效果一般。压校 V 形件时,应使两个侧面的水平分力大致平衡,压应力分布大致均匀,如图 5‑28 所示。这对两侧面积对称的弯曲件是

容易做到的,否则应注意合理布置弯曲件在模具中的位置。压校 U 形件时,若单纯整形圆角,应采用两次压校,每次只压一个圆角,才有较好的整形效果。压校特别适用于折弯件和对称弯曲件的整形。

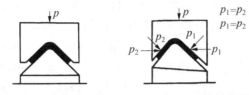

图 5-27　弯曲件压校　　图 5-28　V 形件的布置

2) 镦校

如图 5-29 所示,镦校前的冲件长度尺寸应稍大于零件的长度,这样变形时长度方向的材料在补充变形区的同时,仍然受到极大的压应力作用而产生微量的压缩变形,使之处于三向压应力状态中,厚度上压应力分布也较均匀,因而整形效果好。但此法的应用常受零件形状的限制,对带大孔和宽度不等的弯曲件都不用此法,否则会造成孔形和宽度不一致的变形。

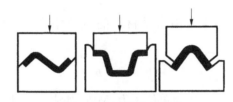

图 5-29　弯曲件的镦校

2. 拉深件整形

如果拉深件凸缘平面、底面平面、侧壁曲面等未达到具体形状要求,或者对于圆筒形拉深件筒壁与筒底的圆角半径 $r < t$,或筒壁与凸缘的圆角半径 $R < 2t$,对于矩形件,若壁间的圆角半径 $r_3 < 3t$,则应进行整形才能达到冲件要求。如图 5-30 所示为拉深件的整形。拉深件上整形的部位不同,所采用的整形方法也不同。

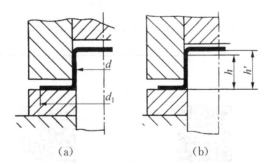

图 5-30　拉深件整形
(a)根部变薄补充材料;(b)直壁补充材料

1) 拉深件筒壁整形

对于直壁拉深件的整形,一般采用负间隙拉深整形法,整形模凸、凹模间隙 $Z = (0.9 \sim 0.95)t$,整形时直壁稍有变薄。经常把整形工序和最后一道拉深工序相结合,这时拉深系数应取得大些。

2）拉深件圆角整形

圆角包括凸缘根部和底部的圆角。如果凸缘直径大于筒部直径2～2.5倍时，整形中圆角区及其邻近区两向受拉，厚度变薄，以此实现圆角整形。此时，材料内部产生的拉应力均匀，圆角区变形相当于变形不大的胀形，所以整形效果好且稳定。圆角区材料的伸长量以2%～5%为宜，过小，拉应力状态不足且不均匀；过大，又可能发生破裂。若圆角区变形伸长量超过上述值时，整形前冲件的高度稍微大于零件的高度，如图5-30(b)所示，以补充材料的流动不足，防止圆角区胀形过大而破裂。冲件的高度也不能过大，否则因冲件面积大于或等于零件面积，使圆角区不产生胀形变形，整形效果不好。更甚者因材料过剩，在筒壁等非变形区形成较大的压应力，使冲件表面失稳起皱，反而使质量恶化。

如果凸缘直径小于2～2.5倍的筒部直径时，整形圆角时凸缘可产生微量收缩，以缓解因圆角变化过大而产生的过分伸长，因而整形前冲件的高度尺寸应等于零件的高度尺寸。拉深件的凸缘平面和底部的整平，主要是利用模具的矫平作用。

5.3.3 校平、整形力的计算

影响校平与整形时压力的主要因素是材料的力学性能、板料厚度等。其校平、整形力 F 为

$$F = S \cdot p \tag{5-31}$$

式中，S 为校平、整形面积，mm^2；P 为单位压力，MPa，如表5-7所示。

表5-7   校平整形时单位压力   （单位：MPa）

校平(整形)材料	平板校平	整形、齿形校平
软钢	8～10	25～40
软铝	2～4	2～5
硬铝	5～8	30～40
软黄铝	5～8	10～15
硬黄铝	8～10	50～60

拓展：支架零件级进模设计　　　　　　思考与练习五

参考文献

［1］朱正才.冷冲压工艺与模具设计［M］.北京：北京邮电大学出版社，2021.

［2］杨关全.冷冲压工艺与模具设计［M］.大连：大连理工大学出版社，2023.

［3］周树根.冷冲压模具设计及主要零部件加工［M］.北京：北京理工大学出版社，2021.

［4］林承全.冲压模具课程设计［M］.北京：化学工业出版社，2018.

［5］高显宏.冲压模具设计与制造［M］.北京：清华大学出版社，2011.

［6］杨海鹏.冲压模具设计与制造实训教程［M］.北京：清华大学出版社，2019.

［7］冯炳尧.模具设计与制造简明手册［M］.上海：上海科学技术出版社，2019.

［8］崔柏伟.典型冷冲模具计［M］.大连：大连理工大学出版社，2023.

［9］张海星.冷冲压工艺与模具设计［M］.杭州：浙江大学出版社，2007.

拓展：附录